调水引流工程湖泊生态环境效应

吕学研　戴江玉　吴时强　吴修锋 等　著

科学出版社

北京

内 容 简 介

本书回顾了太湖富营养化过程及治理措施，综述了调水引流工程的水生态环境研究进展及藻类生长的影响因素研究进展，分析了"引江济太"工程影响藻类生长的潜在因素，调查分析了太湖流域调水工程潜在影响区的水质分布特征，模拟分析了水文水动力变化对贡湖湾蓝藻水华的影响，实验分析了望虞河引水背景下水体氮、磷、硅变化对藻类生长的影响及潜在的作用机制，调查分析了调水引流工程对太湖浮游藻类群落的影响，模拟分析了引水量和营养水平对太湖生境及藻类的影响。

本书可供生态学、环境科学、环境规划与管理学、湖泊生态学及水生态环境保护等相关领域的科研技术人员、政府部门管理人员和高等院校师生阅读和参考。

图书在版编目（CIP）数据

调水引流工程湖泊生态环境效应/吕学研等著. —北京：科学出版社，2021.8

ISBN 978-7-03-068809-5

Ⅰ．①调… Ⅱ．①吕… Ⅲ．①太湖-清淤-生态环境保护-研究-中国 Ⅳ．①X321.2

中国版本图书馆 CIP 数据核字（2021）第 092119 号

责任编辑：王腾飞 沈 旭/责任校对：杨聪敏
责任印制：张 伟/封面设计：许 瑞

科学出版社 出版
北京东黄城根北街 16 号
邮政编码：100717
http://www.sciencep.com

北京中科印刷有限公司 印刷

科学出版社发行 各地新华书店经销
*
2021 年 8 月第 一 版 开本：720×1000 1/16
2022 年 1 月第二次印刷 印张：12 3/4
字数：258 000

定价：119.00 元
（如有印装质量问题，我社负责调换）

前　言

长江中下游地区是我国湖泊分布较为集中的区域之一，面积在 1km² 以上的湖泊有 600 余个，约占我国淡水湖泊总面积的 60%，且这些湖泊多属于浅水湖泊。受人类活动和气候变化的影响，该地区众多湖泊已呈富营养化状态，夏秋季蓝藻水华频发，水质不断恶化，局部水域甚至发生黑臭等水色异常现象。

调水工程不仅可以实现水资源的空间再次分配，也是应对湖泊蓝藻水华灾害、改善富营养化状况的有效手段，在太湖流域发挥了积极作用。如"引江济太"工程，利用现有的以望虞河引水、太浦河排水为主的引排水工程体系，在"十二五"期间累计通过望虞河常熟水利枢纽调引长江水 100.1 亿 m³，通过望虞河望亭水利枢纽引水入湖 48.8 亿 m³，通过太浦河太浦闸向下游地区增供水 49.0 亿 m³，改善了太湖及周边河网的水质，保障了太湖、太浦河及黄浦江上游水源地的供水安全，有效应对了突发水污染事件，取得了显著的社会、经济、环境和生态效益。

现阶段，望虞河引水入湖水源的氮磷营养盐含量仍然高于湖泊水体，而引水在加速湖泊水体交换的同时，产生的水生态环境效应仍待进一步梳理、阐明。本书回顾了太湖富营养化过程及治理措施，综述了调水引流工程的水生态环境研究进展及藻类生长的影响因素研究进展，分析了"引江济太"工程影响藻类生长的潜在因素，调查分析了太湖流域调水工程潜在影响区的水质分布特征，模拟分析了水文水动力变化对贡湖湾蓝藻水华的影响，实验分析了望虞河引水背景下水体氮、磷、硅变化对藻类生长的影响及潜在的作用机制，调查分析了调水引流工程对太湖浮游藻类群落的影响，模拟分析了引水量和营养水平对太湖生境及藻类的影响。

全书共分为 10 章。各部分撰写人员如下：前言由吴时强、吕学研撰写，第 1章、第 2 章由吕学研、吴时强撰写，第 3 章由吴时强、吴修锋和沙海飞撰写，第 4 章由吕学研、吴修锋撰写，第 5 章、第 6 章、第 7 章由吕学研、吴时强、戴江玉撰写，第 8 章、第 9 章、第 10 章由戴江玉、吕学研、杨倩倩撰写。全书由吕学研、戴江玉统稿、定稿。

本书获得"十二五"国家水体污染控制与治理科技重大专项课题"太湖流域（江苏）水生态监控系统建设与业务化运行示范"（2012ZX07506-003），国家自然科学基金项目"引水调控对富营养化浅水湖泊生境演变的影响"（51309156）、"客水输移对浅水富营养化湖泊浮游藻类生消的影响机制"（51479120）和"江河湖连通调控引水的季节性生态效应研究"（51479121），江苏省自然科学基金项目

"客水输移对浅水湖泊浮游藻类生境演变的影响"（BK20141075）和国家重点研发计划项目"河湖水系连通治理关键技术研究"（2018YFC0407203）的资助与支持。水生态系统变化是一个长期的过程，需要进行长期监测与动态评估，受限于监测资料和作者水平，书中难免有不妥之处，恳请读者批评指正，以便在今后研究工作中加以改进。

作　者

2021 年 1 月

目　　录

第1章 太湖富营养化及治理

太湖是我国的第三大淡水湖，位于东经 119°54′～120°36′，北纬 30°56′～31°34′之间，地处江苏省南部、太湖流域中部，南北长 68.5km，东西宽 56.0km，湖区面积约 3192km^2（湖面面积 2338km^2、湖中岛屿面积 89.7km^2、湖滨低地面积 764km^2）。太湖流域是我国人口最集中、经济最发达的地区之一。

太湖是流域水资源的调蓄中心，具有防洪、供水、生态、航运、旅游及养殖等多种功能。作为流域内最大的饮用水水源地，太湖水环境质量的好坏，直接关系苏、浙、沪两省一市的社会经济发展。1990 年，太湖蓝藻水华给无锡市造成了 1.3 亿元的直接经济损失（张振克，1999）。2007 年 5 月暴发的太湖蓝藻水华，更是造成了 28.77 亿元的直接经济损失（刘聚涛等，2011）。

鉴于蓝藻水华危害的严重性，国家、流域、地方各级政府、部门均采取各种措施来削减流域污染物的排放量，恢复湖区的生态环境。然而资料表明，每年进入湖区的污染负荷仍处于较高水平（钱磊等，2010），部分湖区开展的生态恢复措施也没有达到预期的效果，太湖的富营养化状况未能从根本上得到扭转（Qin，2009；陈润等，2010）。

本章主要利用现有资料，回顾并评述太湖富营养化进程及富营养化指标的变化情况，揭示太湖富营养化的变化特征，分析"引江济太"工程影响藻类生长的潜在作用因素。

1.1 太湖富营养化过程

1960 年时太湖水质尚好，总无机氮（TIN）含量仅为 0.05mg/L，正磷酸盐（PO_4^{3-} - P）含量为 0.02mg/L，有机污染指标（COD_{Mn}）含量为 1.9mg/L。到 1981 年，TIN 增加了 16.88 倍，达到 0.894mg/L，COD_{Mn} 增至 2.83mg/L（增加了 49%），PO_4^{3-} - P 无显著增加。1988 年的 TIN 和总氮（TN）分别为 1.115mg/L 和 1.84mg/L，而 1998 年分别上升至 1.582mg/L 和 2.34mg/L。总磷（TP）和 COD_{Mn} 也显著增加，分别由 1988 年的 0.032mg/L 和 3.30mg/L 上升至 1998 年的 0.085mg/L 和 5.03mg/L，分别为 1988 年的 2.66 倍和 1.53 倍（秦伯强等，2004）。

根据现行《地表水环境质量标准》（GB 3838—2002），太湖水质在 20 世纪 60 年代属于 I～II 类水体，70 年代属于 II 类，80 年代初期为 II～III 类，80 年代末期全面进入 III 类，局部恶化至 IV 类和 V 类，90 年代中期平均为 IV 类，1/3 为 V

类，2000 年 III 类水体占 6.7%（156.7km^2，按照全湖 2338km^2 计算比例），IV 类水体占 85.1%（1989.7km^2），V 类和劣 V 类水体占 8.2%（191.6km^2），83.5%的水域处于富营养水平，余下的水域（主要是东太湖及湖心区）也处于中营养水平。太湖水质表现为平均每 10 年左右下降一个类别。20 世纪 90 年代以后，太湖水质恶化速度明显加快。80 年代以前，TN 和 COD$_{Mn}$ 为主要增加指标，80～90 年代以磷和叶绿素的增加为主。太湖水质指标的变化受区域内产业发展影响显著（秦伯强等，2004）。

浮游藻类种类和数量是指示湖泊富营养化进程的重要生物指标。据记载，太湖湖区有浮游藻类 8 门 134 属，其中常年出现并呈全湖性分布的优势种和常见属种主要有蓝藻门的铜绿微胞藻（铜绿微囊藻）、水花微胞藻（水花微囊藻）、螺旋项圈藻、湖沼色球藻、微小色球藻；硅藻门的颗粒直链藻、尖针杆藻；隐藻门中的四尾栅列藻（四尾栅藻）、湖生卵胞藻（湖生卵囊藻）等（根据查阅相关文献，这两种藻应属于绿藻门）。早春以隐藻、小环藻、直链藻和衣藻为主；春末以隐藻、蓝隐藻、微胞藻、小环藻居多。进入 20 世纪 90 年代以来，每年夏季在太湖梅梁湾等局部水域都有不同程度的蓝藻水华出现（王苏民和窦鸿身，1998）。

随着湖体富营养化程度的变化，太湖藻类优势种群也发生了相应的变化。20 世纪 60 年代，太湖水体大致处于贫营养到中营养状态，并以贫营养状态为主，这一时期的藻类优势种群主要以绿藻为主。进入 20 世纪 80 年代后，水体逐渐由中营养状态向富营养状态发展，至 80 年代末，伴随太湖水体向富营养化状态的推进，蓝藻开始成为优势种并持续至今，且几乎每年都会发生不同程度的蓝藻水华，给沿岸居民的生活及工农业生产带来诸多不便。表 1.1 为 1960～2009 年不同年份太湖藻类优势种群的统计结果。

表 1.1　1960～2009 年太湖藻类优势种群的变化

年份	藻类优势种群	年份	藻类优势种群
1960	绿藻	1999	蓝藻
1981	硅藻	2000	蓝藻
1988	蓝藻	2001	蓝藻
1991	蓝藻	2002	蓝藻
1992	蓝藻	2003	蓝藻
1993	蓝藻	2004	蓝藻
1994	蓝藻	2005	蓝藻
1995	蓝藻	2006	蓝藻
1996	蓝藻、绿藻	2007	蓝藻
1997	蓝藻、绿藻	2008	蓝藻、绿藻
1998	蓝藻	2009	蓝藻

太湖的蓝藻水华始于 20 世纪 70 年代初，首先在无锡五里湖出现，随后，其暴发的规模和频率不断增加；20 世纪 80 年代中后期，每年暴发 2～3 次，分布范围也扩大到太湖的梅梁湾；到 90 年代，蓝藻水华每年暴发 4～5 次，并逐渐向大太湖扩展；2000 年，太湖湖心区出现严重的蓝藻水华（秦伯强等，2004）。

图 1.1 和图 1.2 为根据卫星资料解译的太湖蓝藻水华暴发结果（南京水利科学研究院，2012）。结果表明，自 20 世纪末，太湖蓝藻水华暴发的频率越来越高。1998 年之前，每年只有 1 个月出现蓝藻水华，且一般只出现在夏季，以 6、7 月份居多，8 月份较少出现，春冬季从未出现过。而 1998 年之后，每年至少有 2 个月出现蓝藻水华，特别是 2005 年以后，蓝藻暴发频率进一步增加，每年至少有 6 个月出现蓝藻水华，其中 2007 年，除 1～2 月份外，其他月份均出现蓝藻水华，甚至延续到 2008 年 1 月份。

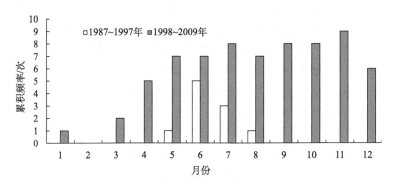

图 1.1　1987～2009 年太湖蓝藻水华累积频率

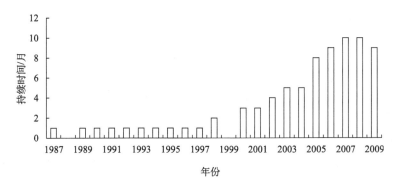

图 1.2　1987～2009 年太湖蓝藻水华暴发持续时间

1.2 太湖富营养化指标的变化

藻类水华的发生与众多因素有关，营养盐水平是评价水体富营养化状态的重要参数。《健康太湖综合评价与指标研究》（水利部太湖流域管理局，2009）指出，TN、NH_4^+-N、TP 和 COD_{Mn} 是太湖水质状况的代表性指标，能够较好地反映太湖水质的总体情况，叶绿素 a（Chl-a）单项评价与太湖富营养化综合评价的相关性最高，可作为太湖富营养化的反映指标。因此，本书选择 TN、NH_4^+-N、TP、COD_{Mn} 和 Chl-a 进行太湖富营养化指标的变化特征分析。

1.2.1 太湖 TN 的变化

1960 年的调查资料显示，太湖的氮含量处于较低水平，TIN 为 0.05mg/L。至 1981 年，TIN 的浓度增加至 0.894mg/L，增加了 16.88 倍。1988 年 TIN 上升至 1.115mg/L（黄漪平，2001）。由太湖 TN 年均值变化图［图 1.3（a）］可知，太湖的 TN 浓度总体呈上升趋势，其中 1996 年之前的上升趋势较快，在达到最大值 3.88mg/L 后，TN 浓度有所降低，但是仍处于较高水平。

从太湖 TN 的月均值变化曲线［图 1.3（b）］可以看出，TN 浓度在春末（4月份）达到最大值后开始下降，至秋末（10 月份）达到最小值，随后又开始上升，表现出明显的正弦周期性波动。秋季，水生植物（包括大型水生植物和浮游藻类）开始衰亡，在微生物的作用下，植物体内积蓄的营养物质开始向水体释放，水体

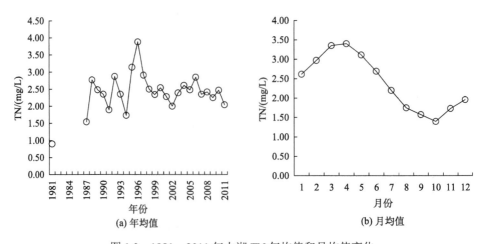

图 1.3 1981～2011 年太湖 TN 年均值和月均值变化

1981～1995 年的数据引自《太湖水环境及其污染控制》（下同）；1996 年、1997 年数据引自相关报告（下同）；1998～2011 年数据为水利部太湖流域管理局网站公布的各月太湖水质数据的年算术平均值（下同）；月均值数据为水利部太湖流域管理局网站公布的各月太湖水质数据的算术平均值（下同）

的 TN 含量开始升高；到了春末，复苏的水生植物需要消耗大量营养物质进行新陈代谢，水体的氮含量开始下降。TN 的这种年内变化特征也可能与外源的输入强度变化有关。

1.2.2　太湖 NH$_4^+$-N 的变化

与 TN 的变化过程不同，太湖水体的 NH$_4^+$-N 在 20 世纪 80 年代初期处于较高的水平[图 1.4（a）]，可能与当时的工农业发展水平有关，随后开始下降，经过小幅的波动后，在 21 世纪初开始快速上升，2006 年达到最大值后又开始快速降低。陈润等（2010）在分析太湖 2004～2008 年的水质变化时也发现 2006 年是水质变化的一个拐点，2004～2006 年太湖水质恶化，2006 年之后水质逐步好转。

太湖水体 NH$_4^+$-N 的月变化[图 1.4（b）]与 TN 的变化趋势相似，不同点在于，NH$_4^+$-N 最大值及最小值出现的时间均比 TN 提前一个月。这可能是因为，有机体在微生物的作用下首先向水体释放的是 ON，ON 在氨化细菌的作用下很快矿化成 NH$_4^+$-N，而 NH$_4^+$-N 向稳定态 NO$_3^-$-N 的转变需要经历亚硝化和硝化过程，其中涉及的影响因素众多。TN 是表征水中各种形态氮的综合指标，受到不同氮形态之间转化的制约，TN 极值的出现较 NH$_4^+$-N 均有延迟。

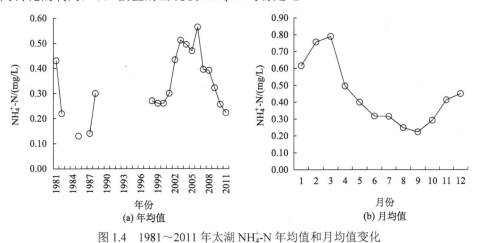

图 1.4　1981～2011 年太湖 NH$_4^+$-N 年均值和月均值变化

1.2.3　太湖 TP 的变化

由太湖 TP 的年均值变化情况[图 1.5（a）]可知，太湖的 TP 整体上呈上升趋势，最大值在 1996 年出现，随后开始降低，但仍处于地表水 IV 类水的水平。

TP 浓度的月变化特征[图 1.5（b）]显示，TP 浓度的最高值出现在 3 月份，这对于浮游藻类复苏是非常有利的。随后，在水生植物的消耗及其他因素的影响下，TP 浓度开始降低，在 7 月份达到最小值，8 月份显著上升后，再次开始降低。

TP 浓度的年内月变化具有明显的双峰特征。

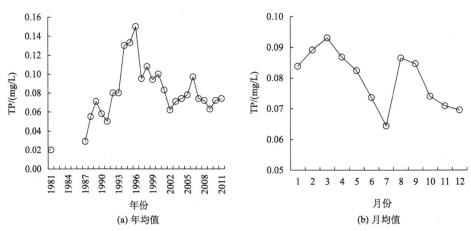

图 1.5　1981～2011 年太湖 TP 年均值和月均值变化

1.2.4　太湖 COD_{Mn} 的变化

作为水体富营养化状况评价的指标之一，太湖水体的 COD_{Mn} 含量整体上呈现上升趋势［图 1.6（a）］，在 2006 年达到最大值后开始降低。虽然 COD_{Mn} 是水体富营养化评价的指标之一，但并不是影响浮游藻类生长的主动环境因素，而被认为是浮游藻类生长后反馈给水体的被动因素（阮晓红等，2008）。

COD_{Mn} 的月际变化显示出明显的单峰特征［图 1.6（b）］，且峰形较为平缓，延续了 8、9、10 三个月。因为 COD_{Mn} 是浮游藻类生长反馈给水体的被动因子，所以与表征浮游藻类现存量的 Chl-a 的月变化特征［图 1.7（b）］较为相似，均在 8、9、10 三个月内出现较高值。

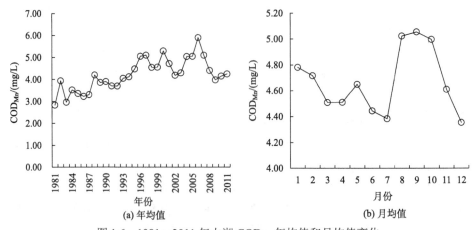

图 1.6　1981～2011 年太湖 COD_{Mn} 年均值和月均值变化

1.2.5 太湖叶绿素 a 的变化

叶绿素 a（Chl-a）是目前常用的表征水体浮游藻类现存量的指标，也是评价水体富营养化状况的重要指标之一。数据显示，太湖 Chl-a 在 1990 年和 2006 年出现了较高的浓度［图 1.7（a）］，而广受瞩目的 2007 年的 Chl-a 浓度并不高。这是因为，本书采用的数据是太湖所有测点的测量值按照面积加权平均后得到的全湖均值，再由每个月的均值计算全年的平均值。2007 年的蓝藻水华主要发生在西北部湖区（竺山湾、梅梁湾、五里湖、贡湖湾），从面积上看，仅占全湖面积约 14.5%，对整个太湖水体藻类现存量的影响较低。

太湖 Chl-a 多年月均值结果［图 1.7（b）］表明，湖体 8、9、10 三个月的藻类现存量较高，最高值出现在 9 月份；而 5 月份会出现一个相对较小的峰值。

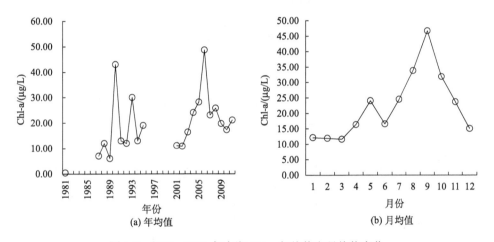

(a) 年均值　　(b) 月均值

图 1.7　1981～2011 年太湖 Chl-a 年均值和月均值变化

1.3　太湖水质营养水平时空分布特征

在分析太湖富营养化指标变化的过程中发现，虽然 2007 年太湖西北部湖区发生了严重的蓝藻水华，但是该年全湖的 Chl-a 浓度并不是最高的。这主要是因为太湖的水质存在明显的分区特征。通过分析 2002～2011 年太湖 9 个湖区（水利部太湖流域管理局划分，图 1.8）不同营养水平出现的频次，结果如图 1.9 所示，在 120 次的统计频次中，梅梁湖和竺山湖富营养水平出现的频次最高，均为 115 次，随后依次为五里湖（97 次）、湖心区（89 次）、东部沿岸区（81 次）、贡湖（72 次）、南部沿岸区（67 次）、西部沿岸区（63 次）。东太湖的富营养水平出现频次较低，多为中营养水平，仅有 18 次达到富营养水平。

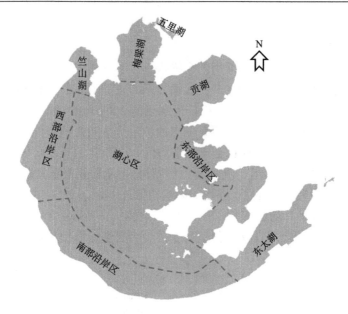

图 1.8 太湖湖体分区示意图

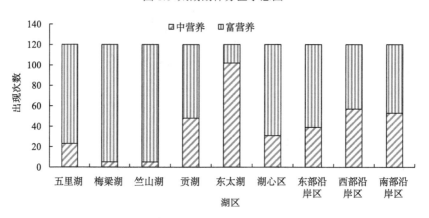

图 1.9 太湖 9 个湖区 2002～2011 年不同营养水平出现频次统计

2006 年开始采用新的富营养化评价方法，即后来颁布的《地表水资源质量评价技术规程》（SL 395—2007），为了保证数据的可比性，本书仍采用旧的评价方法，即仍将评分值位于 50～60 的水体定为中营养水平

　　从太湖 9 个湖区 2002～2011 年每年富营养水平出现的频次（图 1.10）看，随着湖泊治理工程的推进，五里湖的水质从 2008 年开始改善，尤其是 2009 年以后，五里湖富营养水平水质的出现频次显著降低；梅梁湖富营养水平水质的出现频次自 2009 年虽然有所降低，但并不显著；竺山湖水质的营养水平没有显著降低，基本维持在原有水平；可能受"引江济太"及其他工程措施的影响，近年来贡湖及湖心区富营养水平水质出现的频次也有所降低。

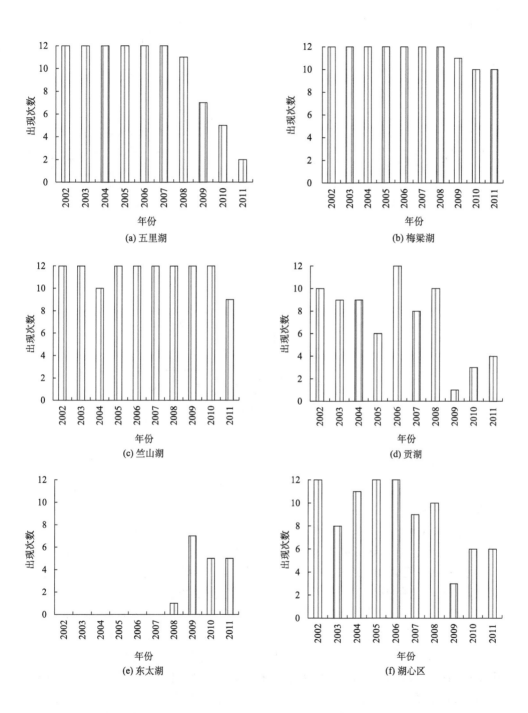

(a) 五里湖

(b) 梅梁湖

(c) 竺山湖

(d) 贡湖

(e) 东太湖

(f) 湖心区

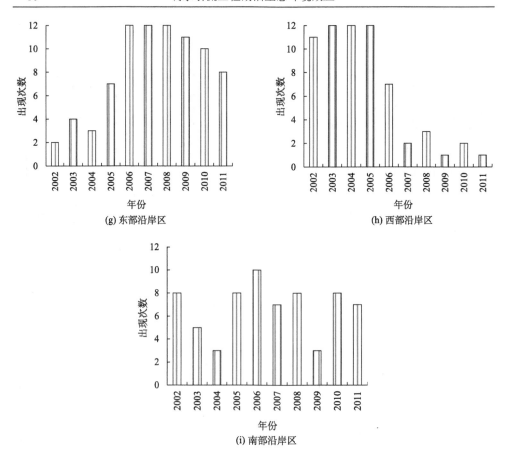

图 1.10　太湖 9 个湖区 2002～2011 年每年富营养水平水质出现次数

　　值得关注的是，水质一直较好的东太湖在 2008 年开始出现富营养水平水质，且频次有增加的趋势，东部沿岸区富营养水平出现的频次也显著增加，这对于维持太湖东部区域的生态系统健康是非常不利的，有可能导致东部湖区"草型"生态系统的崩溃，进而转变成"藻型"生态系统，最终出现类似西北部湖区的蓝藻水华危害（秦伯强，2007；秦惠平和焦锋，2011）。西部沿岸区富营养水平出现的频次有显著降低，这种趋势有助于为重污染湖区的治理提供经验。2002～2011 年，南部沿岸区的富营养水平出现频次波动较大，整体上处于平稳状态，没有显著上升和降低。

　　图 1.11 为太湖不同湖区 2002～2011 年十年间每月富营养水平水质出现的频率图。太湖富营养水质出现的频次随湖区变化而变化，五里湖 8～11 月富营养水平水质出现的频次较高，以 8 月份最高，每年均会出现；梅梁湖水质 1～4 月和 8～11 月均处于富营养水平；竺山湖水质在 10～12 月相对较好，富营养水平出现频次有所降低；贡湖的富营养水质出现频次较为分散，相对集中在 2～4 月；湖

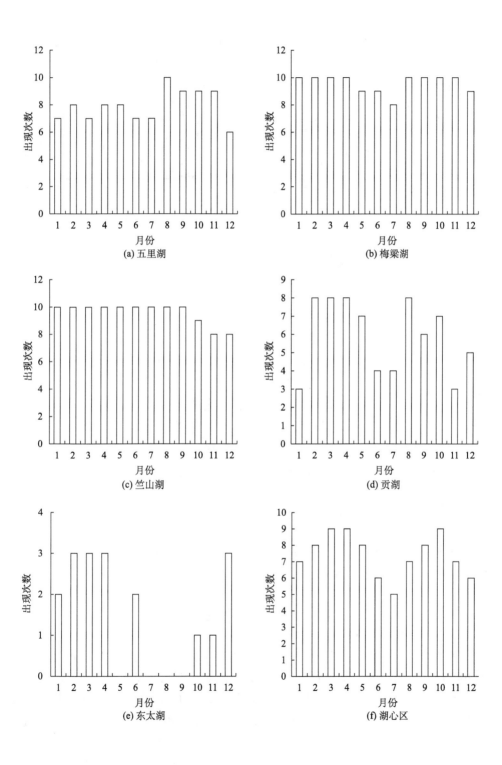

(a) 五里湖

(b) 梅梁湖

(c) 竺山湖

(d) 贡湖

(e) 东太湖

(f) 湖心区

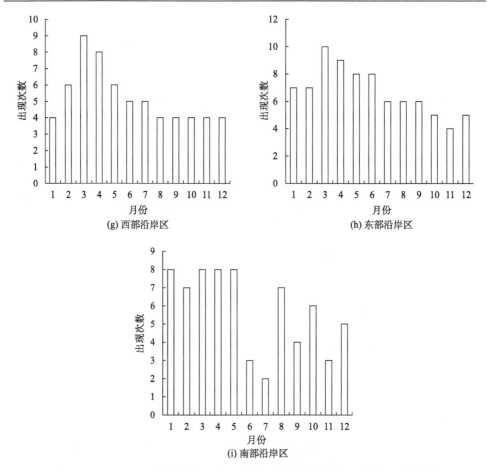

图 1.11　2002～2011 年十年间太湖 9 个湖区每月富营养水平水质出现频率图

心区富营养水质出现频次呈双峰特征，3、4 月达到第一个峰值，10 月达到第二个峰值；西部沿岸区和东部沿岸区的富营养出现频次峰值均发生在 3 月；东太湖的富营养水质集中出现在 12 月至翌年的 4 月；南部沿岸区整体上 1～5 月的营养水平较高，富营养水平水质出现频次较高。

1.4　贡湖湾水质变化

贡湖湾是"引江济太"现有工程——望虞河引水工程的入湖口，也是周边城市（苏州、无锡）的主要水源地。近年来，随着太湖水环境的整体恶化，贡湖湾的富营养化程度不断提高，水质呈严重恶化趋势，生态系统迅速退化。其中，锡东水厂取水口附近水域主要水质指标 TN、TP 浓度 2006 年较 2005 年分别提高了

36.4%和 52.2%，分别达到 2.96mg/L 和 0.102mg/L。湖湾内水生高等植物，尤其是沉水植物数量呈明显下降趋势。

1998～2009 年的十多年间，贡湖湾 COD_{Mn} 浓度的变化可以大致分为三个阶段（图 1.12），第一阶段是 1998～2000 年，此阶段内 COD_{Mn} 浓度呈缓慢上升趋势；2001 年的 COD_{Mn} 浓度较 2000 年有所降低，随后开始明显升高，直至 2006 年，此阶段可划分为第二阶段；随后的第三阶段，COD_{Mn} 浓度有所降低，整体处于平稳状态。

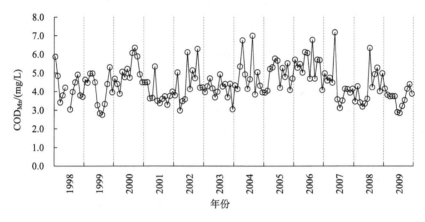

图 1.12　1998～2009 年贡湖湾 COD_{Mn} 浓度变化

1998～2009 年贡湖湾的 TP 浓度变化不大（图 1.13），多年均值为 0.071mg/L，最大值出现在 1998 年的 3 月份，为 0.220mg/L；2004 年 8 月出现了次大值，为 0.217mg/L。TN 浓度在 1998～2009 年均处于较高水平（图 1.14），90%以上时间内处于地表水 IV 类水平。分析其间 TN 的年内变化还可发现，TN 年内最大值基

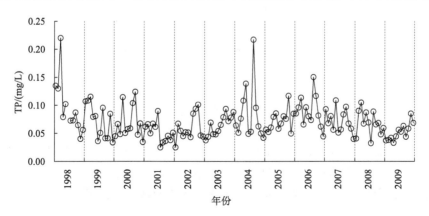

图 1.13　1998～2009 年贡湖湾 TP 浓度变化

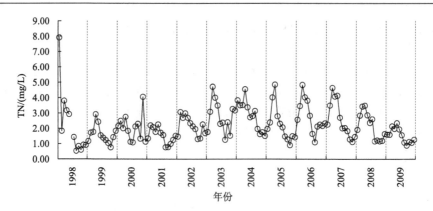

图 1.14　1998～2009 年贡湖湾 TN 浓度变化

本上出现在每年的 3、4 月份，与太湖 TN 的整体变化趋势相似。1998 年 1 月，贡湖湾出现了 NH_4^+-N 的最大值（图 1.15），为 2.34mg/L，与此对应的是该次的 TN 最大值，为 7.92mg/L，与太湖整体 TN 和 NH_4^+-N 浓度的变化情况相似，贡湖湾 NH_4^+-N 月最大值出现的时间也比 TN 有所提前。

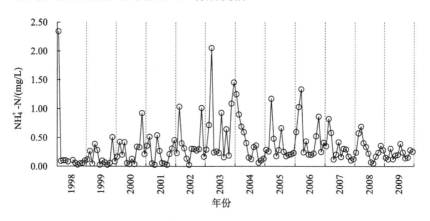

图 1.15　1998～2009 年贡湖湾 NH_4^+-N 浓度变化

1.5　太湖富营养化治理

太湖富营养化造成的蓝藻水华，给沿岸城镇居民的生产生活造成了许多负面影响，为了遏制富营养化趋势的加重，各地政府均制定了相应的治理措施，包括控制入湖污染源、湖区生态恢复、湖区底泥疏浚及调水引流等。

1.5.1　控制入湖污染源

太湖流域河道纵横交错,水网稠密,受人类活动影响显著。周边大量污染物含量高的污废水随河流进入湖区是太湖水环境恶化的主要原因(许朋柱和秦伯强,2005)。太湖对污染物的截留作用,更是增加了湖体内污染物的含量(燕姝雯等,2011)。有效控制随河流进入太湖的污染物量,是实现太湖水质改善的控制因素之一。

为了实现入湖污染物的削减目标,必须明确污染物的来源。太湖流域是我国最具发展力的区域之一,人口密集,工农业发达。大量生活污水、工业废水及农业污染源进入周围水系,未能得到充分降解的污染物最终汇聚到湖体中,导致湖体污染加重。对于城镇生活污水和工业废水,由于其排放相对集中,易于收集进行集中处理,且目前的处理工艺也相对成熟。

农村面源污染是目前太湖流域污染控制的难点。这是因为农村居民分布相对分散,生活污水难以集中收集;太湖流域具有雨热同期的气候特征,而此阶段也是农事的高峰期,大量未能被植物吸收的营养盐随农田排水进入周边沟渠,随后逐级汇入高级别的河流,最终进入太湖。根据江苏省环境科学研究院的统计,太湖流域来自农村面源的 COD、NH_4^+-N、TP 和 TN 分别占各自总量的 45.2%、43.4%、67.5% 和 51.3%,是太湖流域的重要污染源,也是水环境综合治理的重点和难点。

农村面源污染具有分散、难收集的特征,所以也不便采用集中的处理方式。目前,针对农村面源的控制方式有:开发小型化、适应农村生活污水特征的处理装置(梁薇等,2012;李响,2011);改变传统畜禽养殖模式,提高畜禽养殖废物利用率(焦涛等,2010);改变传统的施肥、施药方式,从源头上削减污染物的流失(薛利红等,2011);在农田设置生态拦截带,削减进入水体的污染物质(王彩绒,2005);将农田周边的河道改建成人工湿地,起到太湖的前置库作用,削减进入湖区的营养盐量(谢爱军等,2005;Jiang et al.,2007;Lu et al.,2007);修建湖滨湿地和入湖河道堤岸湿地,拦截进入河道与湖区的非点源污染物(左俊杰,2011)。

1.5.2　湖区生态恢复

20 世纪 60 年代以前,太湖湖区的高等水生植物分布较广,生长繁茂,60 年代之后,高等水生植物的数量减少,到 70 年代,湖区内高等水生植物几乎绝迹,仅在东太湖和西太湖岸边有零星分布,太湖生态系统的平衡不复存在。目前,太湖的水生植物主要分布在东太湖,其他少数湖湾和沿岸区有少量分布(雷泽湘等,2010)。

水生植物的存在对湖区水质、沉积物特性和底栖动物的多样性均会产生一定的影响。水生植物可提高水体的透明度，降低水体营养盐的含量，显著提高区域内底栖动物的生物多样性（雷泽湘等，2010），抑制藻类的生长（汤仲恩等，2007）。水生植物对沉积物再悬浮的抑制作用，可有效控制沉积物中内源营养盐的释放（Huang et al.，2007），有利于维持湖泊生态系统的健康。在富营养化水体的生态治理中，多采用耐污能力强、生长快、生物量高的物种。刘国锋等（2011）证实，水葫芦的须根具有较强的吸附悬浮物和拦截蓝藻细胞的能力，放养区内的营养盐含量显著高于放养区外的含量；黄玉洁等（2011）认为芦苇群落对氮磷的拦截、沉积效果最好。

　　Chen 等（2009a）在太湖梅梁湾水源地开展的为期 3 年的生态修复实验表明，该生态工程可去除 47.9%的 TN、21.2%的 TP、83.3%的 NH_4^+-N 和 54.4%的 BOD_5。生态工程对藻类具有显著的拦截作用，可以保障水源地的水质，同时降低水中悬浮固体的浓度。五里湖的大型围隔实验也证实，生态修复工程可以有效降低水体的氮磷含量，但对于藻类的抑制作用则是一个渐进的过程（Chen et al.，2009b）。

　　水生植物是实施生态修复的主要载体，虽然目前在生态修复方面有很多案例可以借鉴，但仍有很多问题需要进行深入研究。比如，合适的水生生物物种（Ye et al.，2009）、其他生物对水生植物的摄食（Li et al.，2009）、水体的污染特性等。秦伯强（2007）在分析国内外湖泊生态恢复的案例后指出，在湖泊生态修复过程中，不能仅仅关注水生植物本身，还需要采取相应的措施降低水体的氮磷浓度、移除富含有机质的沉积物、降低风浪对水生植物的损害、合理控制水深和鱼类种群结构等。

1.5.3　湖区底泥疏浚

　　完整的水生态系统，不仅包含水体本身，还包含水体底部的沉积物（或称为底泥）及周围的各种环境介质。水体沉积物是水中的有机物质、矿物质颗粒等在沉淀、吸附、生物吸附等物理、化学和生物的作用下，直接或间接沉降到水体底部形成的（Salomons et al.，1987）。累积于沉积物中的物质，在一定条件下通过扩散、对流、解吸等方式可重新进入上覆水体。所以，即使污染物的外源输入得到了有效控制，沉积物中污染物质，尤其是氮磷的释放，仍可以导致严重的富营养化，对富营养化水体的修复起到明显的延迟作用（Hu et al.，2001；Thompson et al.，2011）。

　　王秋娟等（2010）的调查表明，太湖北部三个湖区（梅梁湖、竺山湖和贡湖）表层沉积物间隙水中溶解性 NH_4^+-N 的含量为 0.08～18.40mg/L，贡湖和梅梁湖表层沉积物间隙水中的 NO_3^--N 含量也较高，平均值均为 0.48mg/L；竺山湖、梅梁湖和贡湖间隙水中 TN 浓度的平均值分别为 11.26mg/L、7.74mg/L 和 7.01mg/L；竺山湖、梅梁湖和贡湖三个湖区 NH_4^+-N 扩散通量的平均值分别为 109.27μmol/

（$m^2 \cdot d$）、49.35μmol/（$m^2 \cdot d$）及 3.14μmol/（$m^2 \cdot d$）。由于目前整体上太湖的沉积物是上覆水体营养盐的"源"（姜霞等，2011），太湖重污染区表层沉积物中高含量的弱吸附态磷（NH_4Cl-P）因为可以被水生植物直接利用，从而在一定程度上导致这些湖区的蓝藻水华现象比其他湖区严重（袁和忠等，2010）。蓝藻水华造成的藻类堆积衰亡又会导致浅水湖泊沉积物营养盐的释放量增加，从而有利于蓝藻水华状态的自维持（朱梦圆等，2011）。

根据水利部太湖流域管理局的调查报告，太湖底泥总蓄积量为 19.12 亿 m^3，主要为有机污染型，全湖底泥样品有机质的平均含量为 1.46%，TP 含量平均值为 0.049%，TN 含量平均值为 0.0767%；含量较高的区域分布在竺山湖、梅梁湖、贡湖等湖区（水利部太湖流域管理局，2007）。为了削减底泥释放带来的内源污染，缓解太湖的富营养化状况，部分湖区如无锡梅园水厂和小湾里水源地已经开展了底泥疏浚，2003 年五里湖也开始了环保疏浚。这些工程在湖泊生态修复上起到了积极的作用（陈荷生和张永健，2004；Cao et al.，2007）。

虽然底泥疏浚可以在一定程度上改善湖泊的生态环境，但是需要大量的前期工作作为支撑，比如拟疏浚区底泥的赋存特征（底泥厚度、材质等）调查和底泥污染特征调查，包括污染物的垂向分布特征、不同深度污染物的迁移转化特征等。沈吉等（2010）调查发现太湖与现代环境密切相关的淤泥厚度主要集中在 0.03～1.0m，其形成主要受入湖河流泥沙输移及湖流等水动力作用影响。同时，太湖不同湖区表层沉积物的污染物含量差异较大，因此，沉积物中污染物的分布特征分析成为实施太湖底泥疏浚的理论基础（张建华等，2011）。王雯雯等（2011）在研究竺山湾底泥的污染分布及迁移特征后认为，为了有效地控制竺山湾的内源污染，底泥的平均疏浚深度应为 0.40～0.70m。此外，底泥疏浚对水环境改善效果的评价、底泥疏浚的规模及疏浚的方案、疏浚后底泥的处置及资源化利用也是需要关注的重要问题（冉光兴和陈琴，2010）。

1.5.4　"引江济太"调水引流工程

"引江济太"调水引流工程是利用太湖流域已初步建成的骨干水利工程，调整工程的运行方式，通过长江口的常熟枢纽和望亭立交水利枢纽的工程调度，将长江水由望虞河引入太湖，并通过太浦河向下游的上海地区供水，以期带动流域内其他诸多水利工程的优化调度，加快水体流动，缩短太湖的换水周期，缓解地区的用水紧张。

2007 年，贡湖湾发生大面积蓝藻水华，导致整个无锡市供水系统瘫痪。为了改善太湖水质，缓解供水危机，相关部门及时实施"引江济太"工程，有效遏制了湖区的蓝藻水华，改善了湖区饮用水水源的水质（姜宇和蔡晓钰，2011）。调水引流可以快速实现对水质的改善效果，因而受到大家的极大关注，人们试图将调水引流的效益最大化，但是对调水引流改善水生态环境的长期效应尚未有定性或定量的认识。匡翠萍等（2011）通过数值模拟指出，在 3m/s 的东南风情况下，望虞河枢纽（望亭立交）进水流量越大，对污染物的应急去除效果越好，而增加太浦河出水流量的去除效果甚微；郝文彬等（2012）认为望虞河入湖的最经济流量为 100m³/s。

　　调水引流对湖泊的水质起到了积极的改善作用，但是为了长期维持湖泊生态的健康状态，从根本上削减入湖的污染物才是最终措施。Hu 等（2008）认为，调水引流只能作为水质改善的应急措施，长期调水引流可能造成湖区磷的净输入，从而引发更严重的藻类水华。

参 考 文 献

陈荷生, 张永健. 2004. 太湖重污染底泥的生态疏浚[J]. 水资源研究, 25(4): 29-31, 35.

陈润, 王跃奎, 高怡, 等. 2010. 2004～2008 年太湖水质变化原因及治理对策[J]. 水电能源科学, 28(11): 35-37.

郝文彬, 唐春燕, 滑磊, 等. 2012. 引江济太调水工程对太湖水动力的调控效果[J]. 河海大学学报(自然科学版), 40(2): 129-133.

黄漪平. 2001. 太湖水环境及其控制[M]. 北京: 科学出版社.

黄玉洁, 张银龙, 李海东, 等. 2011. 太湖人工恢复湿地区植物群落建植对沉积物中氮、磷空间分布的影响[J]. 水土保持研究, 18(5): 161-165.

姜霞, 王秋娟, 王书航, 等. 2011. 太湖沉积物氮磷吸附/解吸特征分析[J]. 环境科学, 32(5): 1285-1291.

姜宇, 蔡晓钰. 2011. 引江济太对太湖水源地水质改善效果分析[J]. 江苏水利, (2): 36-37.

焦涛, 王惠中, 黄娟. 2010. 太湖流域畜禽养殖污染治理模式解析及对策研究[J]. 环境科技, 23(5): 69-73.

匡翠萍, 邓凌, 刘曙光, 等. 2011. 应急调水对太湖北部污染物扩散的影响[J]. 同济大学学报(自然科学版), 39(3): 395-400.

雷泽湘, 徐德兰, 王备新, 等. 2010. 沉水和浮叶植物在浅水湖泊生态系统中的作用——以太湖为例[J]. 河南师范大学学报(自然科学版), 38(2): 136-139.

李响. 2011. 太湖流域农村生活污水处理现状及建议[J]. 北方环境, 23(11): 1.

梁薇, 邹丽敏, 沈海新, 等. 2012. 太湖流域农村生活污水处理技术及应用实效[J]. 农业灾害研究, 2(1): 68-70.

刘国锋, 张志勇, 严少华, 等. 2011. 大水面放养水葫芦对太湖竺山湖水环境净化效果的影响[J]. 环境科学, 32(5): 1299-1305.

刘聚涛, 杨永生, 高俊峰, 等. 2011. 太湖蓝藻水华灾害灾情评估方法初探[J]. 湖泊科学, 23(3): 334-338.

南京水利科学研究院. 2012. 太湖蓝藻水华与湖泛对策研究(初步报告)[R]. 南京: 南京水利科学研究院.

钱磊, 陈方, 高怡. 2010. 2000~2009 年太湖主要入湖河道水质变化趋势分析[J]. 水电能源科学, 28(11): 41-43, 172.

秦伯强. 2007. 湖泊生态恢复的基本原理与实现[J]. 生态学报, 27(11): 4848-4858.

秦伯强, 胡维平, 陈伟民, 等. 2004. 太湖水环境演化过程与机理[M]. 北京: 科学出版社.

秦惠平, 焦锋. 2011. 东太湖缩减围网后的水质分布特征探讨[J]. 环境科学与管理, 36(5): 51-55.

冉光兴, 陈琴. 2010. 太湖生态清淤工程中需重视与研究的几个问题[J]. 中国水利, (16): 33-35.

阮晓红, 石晓丹, 赵振华, 等. 2008. 苏州平原河网区浅水湖泊叶绿素 a 与环境因子的相关关系 [J]. 湖泊科学, 20(5): 556-562.

沈吉, 袁和忠, 刘恩峰, 等. 2010. 太湖表层沉积物的空间分布与层序特征分析[J]. 科学通报, 55(36): 3516-3524.

水利部太湖流域管理局. 2007. 太湖污染底泥疏浚规划总报告[R]. 上海: 太湖流域管理局.

水利部太湖流域管理局. 2009. 健康太湖综合评价与指标研究[R]. 上海: 太湖流域管理局.

汤仲恩, 种云霄, 吴启堂, 等. 2007. 3 种沉水植物对 5 种富营养化藻类生长的化感效应[J]. 华南 农业大学学报, 28(4): 42-46.

王彩绒. 2005. 太湖典型地区蔬菜地氮磷迁移与控制研究[D]. 咸阳: 西北农林科技大学.

王秋娟, 李永峰, 姜霞, 等. 2010. 太湖北部三个湖区各形态氮的空间分布特征[J]. 中国环境科 学, 30(11): 1537-1542.

王苏民, 窦鸿身. 1998. 中国湖泊志[M]. 北京: 科学出版社.

王雯雯, 姜霞, 王书航, 等. 2011. 太湖竺山湾污染底泥环保疏浚深度的推算[J]. 中国环境科学, 31(6): 1013-1018.

谢爱军, 周炜, 年跃刚, 等. 2005. 人工湿地技术及其在富营养化湖泊污染控制中的应用[J]. 净 水技术, 24(6): 49-52.

许朋柱, 秦伯强. 2005. 2001~2002 水文年环太湖河道的水量及污染物通量[J]. 湖泊科学, 17(3): 213-218.

薛利红, 俞映倞, 杨林章. 2011. 太湖流域稻田不同氮肥管理模式下的氮素平衡特征及环境效应 评价[J]. 环境科学, 32(4): 1133-1138.

燕姝雯, 余辉, 张璐璐, 等. 2011. 2009 年环太湖入出湖河流水量及污染负荷通量[J]. 湖泊科学, 23(6): 855-862.

袁和忠, 沈吉, 刘恩峰. 2010. 太湖不同湖区沉积物磷形态变化分析[J]. 中国环境科学, 30(1): 1522-1528.

张建华, 郑宾国, 张继彪, 等. 2011. 太湖底泥污染物分布特征分析[J]. 环境化学, 30(5): 1047-1048.

张振克. 1999. 太湖流域湖泊水环境问题、成因与对策[J]. 长江流域资源与环境, 8(1): 81-87.

朱梦圆, 朱广伟, 王永平. 2011. 太湖蓝藻水华衰亡对沉积物氮、磷释放的影响[J]. 环境科学, 32(2): 409-415.

左俊杰. 2011. 平原河网地区河岸植被缓冲带定量规划研究——以滴水湖汇水区为例[D]. 上海: 华东师范大学.

Cao X Y, Song C L, Li Q M, et al. 2007. Dredging effects on P status and phytoplankton density and composition during winter and spring in Lake Taihu, China[J]. Hydrobiologia, 2007, 581(1): 287-295.

Chen F Z, Song X L, Hu Y H, et al. 2009a. Water quality improvement and phytoplankton response in the drinking water source in Meiliang Bay of Lake Taihu, China[J]. Ecological Engineering, 35(11): 1637-1645.

Chen K N, Bao C H, Zhou W P. 2009b. Ecological restoration in eutrophic Lake Wuli: A large enclosure experiment[J]. Ecological Engineering, 35(11): 1646-1655.

Hu W F, Lo W, Chua H, et al. 2001. Nutrient release and sediment oxygen demand in a eutrophic land-locked embayment in Hong Kong[J]. Environment International, 26(5): 369-375.

Hu W P, Zhai S J, Zhu Z C, et al. 2008. Impacts of the Yangtze River water transfer on the restoration of Lake Taihu[J]. Ecological Engineering, 34(1): 30-49.

Huang P S, Han B P, Liu Z W. 2007. Floating-leaved macrophyte (*Trapa quadrispinosa* Roxb) beds have significant effects on sediment resuspension in Lake Taihu, China[J]. Hydrobiologia, 581(1): 189-193.

Jiang C L, Fan X Q, Cui G B, et al. 2007. Removal of agricultural non-point source pollutants by ditch wetlands: Implications for lake eutrophication control[J]. Hydrobiologia, 581(1): 319-327.

Li K Y, Liu Z W, Hu Y H, et al. 2009. Snail herbivory on submerged macrophytes and nutrent release: Implication for macrophyte management[J]. Ecological Engineering, 35(11): 1664-1667.

Lu J W, Wang H J, Wang W D, et al. 2007. Vegetation and soil properties in restored wetlands near Lake Taihu, China[J]. Hydrobiologia, 581(1): 151-159.

Qin B Q. 2009. Lake eutrophication: Control countermeasures and recycling exploitation[J]. Ecological Engineering, 35(11): 1569-1673.

Salomons W, de Rooij N M, Kerdijk H, et al. 1987. Sediment as a source for contaminants? [J] Hydrobiologia, 149(1): 13-30.

Thompson C E L, Couceiro F, Fones G R, et al. 2011. In situ flume measurements of resuspension in the North Sea[J]. Eatuarine, Coastal and Shelf Science, 94(1): 77-88.

Ye C, Yu H C, Kong H N, et al. 2009. Community collocation of four submerged macrophytes on two kinds of sediments in Lake Taihu, China[J]. Ecological Engineering, 35(11): 1656-1663.

第2章 调水引流生态环境研究进展

水是生物生存与发展必需的物质基础之一，其重要性不仅在于它是很多生物体的主要组成成分，还在于它也是生物赖以生存的生态系统的重要组成部分。对于水资源空间分布不均衡的国家或地区，调水引流工程已成为水资源再分配的有效措施和途径之一。

调水引流工程不仅是水资源空间再分配的有效措施，也是生态环境的有效修复手段。本章在评述调水引流工程生态修复和环境整治等研究成果的基础上，回顾性分析调水引流工程的生态与环境效应及其潜在影响；阐明调水引流工程改善水环境的作用机理，包括引入清水的稀释作用，以及对水动力条件的直接改善，从而间接提高水体的自净能力；最后，指出水源的限制、工程的建设和运行费用、水质改善的非长期性、增加下游水体的污染负荷及抑制藻类水华的机制尚不完全清楚等是目前调水引流工程应用的制约因素和面临的问题。

2.1　国内外调水引流工程实践

调水引流工程是利用一系列工程措施，实现水资源再分配的有效途径。国外调水引流工程的先例可以追溯到公元前 2400 年（沈佩君等，1995），为了满足埃塞俄比亚高原南部的农业灌溉需求，当时的埃及国王默内尔下令兴建了世界上第一个调水引流工程——尼罗河引水灌溉工程，该工程有效促进了古埃及文明的发展与繁荣。进入 20 世纪，国外建设了很多大规模的调水工程。以美国、苏联、澳大利亚、巴基斯坦、印度等为代表的国家，都通过跨流（区）域的调水来重新分配水资源，以缓和或解决缺水地区经济发展的用水需求。这些工程的应用，极大地促进了社会经济的发展。已建成的较著名大型调水工程有美国的联邦中央河谷调水工程、加利福尼亚州北水南调工程、科罗拉多河水道工程、洛杉矶水道工程、特拉华调水工程，苏联的伏尔加—莫斯科调水工程，印度恒河流域萨尔达—萨哈亚克调水工程，秘鲁的东水西调工程，澳大利亚的雪山调水工程，以色列的北水南调工程，巴基斯坦的西水东调工程等（杨立信和刘国纬，2003；沈洪，2000；汪秀丽，2004；徐元明，1997）。资料表明，截至 2002 年，国外已有 39 个国家建成了 345 项不同规模的调水工程，其中大型和特大型工程共有 28 项。

我国调水引流的历史同样悠久。公元前 486 年修建的邗沟工程，成功地将长江水引入淮河水系。公元前 256 年修建的都江堰引水工程，确保了成都平原的农业生产，使成都平原成为旱涝保收的"天府之国"。公元前 219 年建成的沟通湘江（长江水系）和漓江（珠江水系）的灵渠工程，虽然建设的初衷是服务于军事目的，但是对于沿渠两岸的农业发展也起到了非常大的促进作用。公元 1293 年全线贯通的京杭大运河成功沟通了海河—黄河—淮河—长江—钱塘江五大水系，为沿线的漕运及农业发展提供了基础支撑，并为后来江苏省的"江水北调"及现在的"南水北调"东线工程奠定了良好的基础。为缓解苏北地区水资源紧缺问题，江苏省从 1961 年起着手建设"江水北调"工程，经过 40 多年持续不断的努力，沿着京杭运河输水干线，逐步建成了江都、淮安、淮阴、泗阳、刘老涧、皂河、刘山、解台、沿湖 9 个梯级，超过 400km 的梯级提水工程，最终将长江水送入微山湖（陈卫东和黄海田，2005；司春棣，2007）。该工程为保障苏北地区的社会和经济发展发挥了显著作用，也为"南水北调"工程提供了借鉴模式。

　　进入 20 世纪，我国陆续修建了一批引调水工程，包括北京的京密引水工程（1961 年首段渠道工程正式完成）、广东东（江）深（圳）供水工程（1965 年建成）、甘肃景泰川引水工程（1974 年一期工程建成）、天津引滦（河）入（天）津工程（1983 年建成）、大连的引碧入连工程（1983 年一期建成供水）、山东的引黄济青工程（1989 年建成）、山西万家寨引黄入晋工程（1993 年开工建设）、西安的黑河引水工程（1994 年供水）、甘肃的引大（通河）入秦（王川）工程（1995 年建成）、四川武都引水工程（1999 年一期建成通水）等大型调水工程，2007 年统计时仍处于在建状态的调水引流工程有"南水北调"工程、新疆引额济乌（济克）工程、辽宁大伙房水库输水工程等。据不完全统计，已建及在建的跨流（区）域调水工程达 130 余项，拟建和规划建设的跨流（区）域调水工程有 21 项（司春棣，2007）。这些引调水工程的建设给我国社会经济发展带来了巨大效益，部分调水工程还带来了显著的生态环境效益。

　　早期的调水引流工程多以服务居民生活及工农业生产为目的，改善生态环境不是工程建设的初衷，有些工程的建设甚至对生态环境造成了一定的负面影响，比如澳大利亚的雪山引水工程，由于雪山融水的水温较低，导致受水区的生态系统受低温水的影响而遭到破坏；受"南水北调"中线工程取水的影响，汉江下游的水文水动力过程发生显著变化，导致汉江沿线水生态环境受到不同程度的破坏（刘强等，2005；谢敏等，2006），近年来也频繁发生蓝藻水华事件，严重影响了沿岸居民的日常生活及工农业生产，有关部门不得不从长江引调清水，修复汉江受损的生态环境（李新民等，2003）。

2.2　调水引流生态环境影响研究进展

　　在社会发展、气候变化等众多因素的共同作用下，一些生态敏感区的生态环境遭受不同程度的破坏，人造工程对于局部生态环境的恶化更是推波助澜。

2.2.1　调水引流修复受损生态系统

为了修复受损的水生态环境，国内外也进行了一些关于调水引流修复水生态环境的研究。较著名的有美国的引密西西比河水修复路易斯安那州滨海湿地的密西西比河引水工程（Allison and Meselhe，2010）。

泥沙是河口三角洲或河口湿地形成的物质基础之一。密西西比河沿线修建的大量水利工程造成河口区来沙量减少，导致路易斯安那州河口三角洲和滨海湿地呈逐年大面积消失趋势。为了扭转这种局面，路易斯安那州在实施从密西西比河引水的同时，还建设了相应的引沙工程（Lane et al.，2001；Snedden et al.，2007）。调水调沙工程的实施，有效延缓了河口湿地消失的速度。密西西比河两侧建造的拦洪堤同样隔断了沿岸湿地与河流横向上的水力联系，造成河流沿线大量湿地严重退化。为了遏制湿地的这种退化趋势，路易斯安那州制定了以河水与工业冷却水为水源的引水计划，以人工模拟密西西比河的洪泛事件，为湿地的生存与恢复提供必需的营养物质和泥沙（Hyfield et al.，2007）。

受农业灌溉用水开采影响，美国 Ogallala 含水层的水量明显下降。为了补充含水层的水量，美国国会 1976 年通过旨在以调水补充 Ogallala 含水层地下水量的"High Plains Study"项目。该项目计划从密苏里河（Missour River）流域调水，以保障受水区域的农业发展，后来取水区域又调整为苏必利尔湖（Lake Superior）。这一项目虽然以保障农业和工业发展为目的，但是也间接地改善了当地的地下水环境（Bulkley et al.，1984）。

国内 2000 年开始的引孔雀河（Peacock River）水恢复塔里木河（Tarim River）湿生生态系统的引水工程，显著提高了受水区的地下水位，对河岸两侧 1.05km 范围内的地下水都起到了补给作用。该工程显著改善了区域原有退化的湿生生态环境，湿生植物的组成、种类、分布与生长环境均得到了改善（Chen et al.，2008）。2000 年进行的黑河调水工程，使已经干涸 10 年之久的东居延海在 2002～2004 年连续三年进水，在一定程度上抑制了该生态系统的退化速度（赵静，2010）。额济纳绿洲的植被覆盖度也在调水工程实施后增加，并逐渐向高层次的植被覆盖态势发展（白智娟，2008）。

随着人口的增加、经济的发展，特别是近年的连续干旱，对华北平原生态平衡有重要意义的白洋淀湿地水量不足，水位不稳，生物多样性遭到破坏，且面临萎缩甚至消亡的威胁。为拯救白洋淀湿地，水利部和保定市政府曾经多次从王快、西大洋、安各庄水库调水补淀，以及从外流域岳成水库和黄河引水补给白洋淀湿地，但都未能从根本上解决生态干旱问题。董娜（2009）在系统研究白洋淀湿地生态干旱发生规律的基础上，认为王快或西大洋水库任何一库单独向白洋淀补水都不能在平水年、枯水年保证稳定的供水量，而两库联合调节可以在不同的保证率下满足生态特征水位的补水要求。

2.2.2 调水引流对生态环境的影响

作为调水引流修复受损生态环境的典范，研究人员针对密西西比河沿线调水工程对受水区生态环境的影响开展了大量研究。Lane 等（2007）研究了调水对密西西比三角洲河口水温、盐度、悬浮物（SS）和 Chl-a 的影响后指出，调水对河口的水温不会造成显著影响，但是对盐度和 SS 的影响较大，河口水体的 Chl-a 与调水量呈负相关关系；Rozas 和 Minello（2011）通过野外试验证实，调水可导致受水区水体的盐度降低，并造成对虾可获得的食物减少，最终导致不同种类对虾的生长率均下降；Piazz 和 Peyre（2011）认为密西西比河排水对河口地区的浮游动物群落在空间和时间分布上都产生了显著的影响；Hyfield 等（2008）分析后指出，密西西比河调水作为河口三角洲硝酸盐氮（NO_3^--N）和 TN 的最大来源，有效地补充了河口地区的营养物质。

相对而言，从可获得的文献资料看，针对调水引流影响供水区、输水区和受水区生态环境的专门研究较少。Pearlstine 等（1985）认为受水电站调水影响，南卡罗来纳州某洪泛区内 97%的洼地森林会因水文情势的改变而消失。徐少军等（2010）认为"南水北调"中线工程和"引汉济渭"工程的实施，降低了汉江 30%的水环境容量，导致汉江中下游水位和水温降低，水生生物的生存环境受到破坏，天然鱼类资源量减少，地下水水位降低，水质下降，江滩、洲滩湿地面积减少，出现的大片裸露沙滩将形成新的沙化危害。高永年与高俊峰（2010）的研究结果表明，"南水北调"对汉江中下游水质变量、土壤底质变量和水生生物变量等的影响幅度上限均超过-40%，相对调水前，生态环境处于强烈或明显的负影响状态。因此，有学者认为调水工程是导致汉江中下游发生富营养化的主要诱因之一（刘强等，2005；谢敏等，2006）。

针对受水区域的研究，多是以水质改善为目的开展的，如 Lane 等（2004）发现，密西西比河水经过滨海湿地后，TN、TP、溶解性无机氮（DIN）、溶解性无机磷（DIP）和溶解性硅（DSi）含量显著下降，DSi/DIN 和 DIN/DIP 也发生显著变化。Lane 等（2003）还发现，90%以上的 NO_3^--N 将被湿地系统截留，所以调水不会造成 Maurepas 湖持续的藻类暴发。DeLaune 等（2005）研究路易斯安那州调水工程沿线湿地对密西西比河河水中 NO_3^--N 的去除后指出，湿地系统可以有效去除调水中的 NO_3^--N，为了使调水不至于引起 Barataria Basin 河口发生富营养化，需要控制进入湿地的调水流量。综上可见，目前在受水区水质变化方面的研究主要集中在水质指标表观的变化上，对水质变化内在机制的研究成果还很少。开展相关研究，有助于更好地制定工程调控技术，确保调水引流目的的实现。

2.3　调水引流改善区域水环境实践

2.3.1　平原河网区调水引流改善区域水环境实践

日本是最早进行水资源调度改善水质试验的国家。1964 年，为改善隅田川的水质，东京都政府从利根川和荒川引入 16.6m³/s（相当于隅田川原流量的 3.5 倍）的清洁水进行冲污，水质大有改善，生化需氧量（BOD）等指标好转近一半（汤建中等，1998）。由此拉开了世界范围内调水引流改善区域水环境实践的序幕。

福州是国内较早开展调水引流改善水环境的城市。福州市共有内河 42 条，纵横交错，水网平均密度较高。工业废水和生活污水的直接排入，导致河网污染加剧，常年黑臭。1996 年福州市政府下决心实施引水冲污，通过引入闽江水，加大内河径流量，提高流速，使大部分河段水流呈单向流，污水当天排入闽江，做到一天换一次水。引水后，内河水体的复氧能力增强，消除了水体黑臭现象（熊万永，2000）。

为了改善城市内河的生态环境，镇江市利用闸控设施调引长江水冲洗内江。涨潮期间，长江水通过闸门进入内江，落潮期间，污染物质和沉积物随水流排出内江。这一引水工程对内江的水环境起到了明显的改善作用（Xu et al.，2008）。

长江下游地区及太湖流域是我国著名的"鱼米之乡"，物产丰富，素有"苏湖熟，天下足"的美誉。受地形地貌、气候等条件的影响，区域内河网密布，是典型的平原河网区。河网内水系交错纵横，河床比降小，水面平缓，水流流向在潮汐的影响下摇摆不定，流速缓慢，易形成滞流、倒流，水体自净能力差。这一区域雨量充沛，易在雨季发生洪涝灾害。为了保障防洪安全，区域内建设了大量水利工程。这些工程在发挥区域防洪作用的同时，也隔断或控制了河网水系之间的水力联系，使河道内水流不畅，降低了水体的自净能力，对水生态、水环境造成影响。伴随区域水环境问题的日益突出，地方各级政府在严格控制污染物排放、调整产业政策的同时，积极采取有效措施治理、改善或修复已受损的水环境。在众多措施中，调水引流由于其见效快、效果明显等优点而在该区域的一些城市得到广泛应用。

为了改善城区水环境，太仓市有关部门于 2004 年 4 月进行了通过浏河与杨林塘引长江水入城的调水试验，经浏河河口引水总量约为 408.00 万 m³，经杨林塘河口引水总量约为 75.12 万 m³。断面水质监测资料显示，引水期间由浏河引入城区的总引水量约为 21.8 万 m³；排水期间由浏河排泄的总水量约为 57.4 万 m³。整个引排水过程大约从城区带走 35.6 万 m³ 水量，带走了城区大量污染河水，水体得到有效交换，城区水环境显著改善，高锰酸盐指数（COD_{Mn}）平均降低了 2.7mg/L，水质最佳改善断面的 COD_{Mn} 降低了 6.5mg/L。但是受排水水质影响，部分断面水质也出现了恶化现象（张刚等，2006）。

常熟市2004年10月开展的原型调水试验表明,由望虞河引入的水量仅有30%进入常熟市,大部分水量从南部的昆承湖流走,仅有占总引水量 8%的水量进入常熟城区;望虞河西岸的污水在调水时随水流进入常熟城区,影响引水对城区水质的改善效果;西岸污水的顶托作用对东张家港河的引水水质影响很大,为了保证引进水质较好的水,调水活动需要选择在西岸污水顶托作用明显时进行;受流域水系限制,常熟市还不具备能够自行控制的引清通道(黄娟,2006)。

为加大杭嘉湖地区水环境治理力度,抑制杭嘉湖平原水环境的整体恶化趋势,在水利部太湖流域管理局和浙江省防汛抗旱指挥部办公室的统一部署下,分别于 2005 年 2 月 16 日至 3 月 6 日和 2007 年 10 月 18 日至 12 月 15 日进行了两次南排调水试验(胡尧文,2010)。

2005 年南排调水试验结果表明,南排调水可显著改善杭嘉湖地区的河网水质。调水试验降低了劣 V 类水体断面的数量(共设置了 31 个监测断面),COD_{Mn} 满足地表 III 类水体要求的断面增加了 12 个,NH_4^+-N 劣 V 类水体监测断面减少了 4 个,TP 满足地表 III 类水体要求的断面增加了 9 个。

2007 年杭嘉湖区域调水试验共开展 16 次水质、水量同步监测。根据《地表水环境质量标准》(GB 3838—2002)对调水前、调水中和调水后 34 个河道断面的水质类别进行统计分析(表 2.1)表明,2007 年杭嘉湖南排调水结束后,河网干流断面的水质相比调水前有了较为明显的改善。

表 2.1　2007 年杭嘉湖地区引排工程调水试验水质指标　　(单位:%)

监测期	水质指标	水质类别断面数及所占比例变化									
		II 类		III 类		IV 类		V 类		劣 V 类	
调水前	DO		5		14.7	4	11.8	15	44.1	10	29.4
	COD_{Mn}	3	8.8	9	26.5	22	64.7	—	—	—	—
	NH_3-N	3	8.8	8	23.5	8	23.5	10	29.4	5	14.7
	TP	—	—	7	20.6	15	44.1	4	11.8	8	23.5
调水后	DO		7		20.6	18	52.9	7	20.6	2	5.9
	COD_{Mn}	6	17.7	25	73.5	3	8.8	—	—	—	—
	NH_3-N	9	26.5	11	32.3	9	26.5	3	8.8	2	5.9
	TP	1	2.9	21	61.8	9	26.5	1	2.9	2	5.9
总体变化	DO		2↑		5.9	14↑	41.1	8↓	23.5	8↓	23.5
	COD_{Mn}	3↑	8.9	16↑	47	19↓	55.9	—	—	—	—
	NH_3-N	6↑	17.7	3↑	8.9	1↑	2.9	1↓	2.9	3↓	8.9
	TP	1↑	2.9	14↑	41.2	6↓	17.7	3↓	8.9	5↓	14.7

注:1. 各水质类别下的前一数值为断面数,后一数值为相应断面数占断面总数的比例;

2. 溶解氧(DO)的 II、III 类断面数为 II、III 断面总数;

3. 总体变化中的数值为调水前后各类别断面数及比例的差值,↑表示断面数增加,相应的比例也增加,↓表示断面数减少,相应的比例也降低;

4. "—"表示无此类别断面

实践表明，望虞河引水对常熟市水环境的改善效果不明显，因此，常熟市于2004年又开展了海洋泾调水原型试验。结果表明，海洋泾调水对常熟市城区水环境的改善效果明显（张文佳，2009）。实际上，早在20世纪90年代，上海就开展了调水引流改善城市水环境的实践活动。21世纪初期，江阴市、张家港市也开展了基于改善水环境的调水引流实践。表2.2对这些实践活动的效果进行了总结。

表 2.2　平原河网区调水实践及其效果

区域	实践时间	工程实践效果
上海苏州河（陆勤，1999）	1998年4月27日至5月1日	共8个潮流期，监测结果表明，苏州河中下游河段水质改善明显，调水结束时，全河水色为青黄色，基本消除黑臭
	1998年10月21～25日	共进行8个潮流期的调水试验，水文、水质同步监测的结果表明，苏州河中下游河段水质改善不明显，调水结束时，北新泾以下河段水体呈灰色，没有达到基本消除黑臭的目的
	1999年5月26日至6月23日	经过调水，增加了河道断面流量；苏州河干流水质得到改善；找到了苏州河干流水质稳定状态的平衡点；感观上苏州河干流水体基本消除黑臭；摸索到水体不黑臭的指标范围；苏州河支流水质有所改善；掌握了主要支流排入苏州河干流的污染负荷；摸清了泵站排污的冲击负荷对苏州河水质的影响；研究了调水对黄浦江水质的影响；找到了基本消除苏州河水体黑臭的途径
	1999年7月28日至8月28日	
上海浦东新区（陆勤，2004）	2002年9月19～25日	在引入4～5次潮水后，内河各控制点水质开始转好，河网水体得到较大改善，河道水体黑臭消除，感官效果改善明显；在引入第5～8次潮水时，黄家洪、白莲泾（北蔡）和川杨河（陆家渡）等水质综合评价达到IV类，水质改善尤为显著。本次调水净排出NH_4^+-N 32.55t、COD_{Mn} 10.23t、COD_{Cr} 58.9t、BOD_5 73.46t
	2003年9月23～28日	在引入3～6次潮水后，各排水口水质类别提升1～2个等级，水质改善明显；与调水前相比，调水后不同断面的水质变化表现出很大不同。本次调水净排出NH_4^+-N 40.26t、COD_{Mn} 78.20t、COD_{Cr} 252.32t、BOD_5 86.40t
江阴城区（赵小兰和薛峰，2008）	2005年9月19～23日	9月23日原型试验表明，通过白屈港18h的引长江水，对白屈港沿线的水质改善有一定效果，但是对张家港河以东一些地区及江阴市南部地区的水质改善效果甚微
张家港市（王超等，2005）	2003年8月12～13日	总体来说引水试验对张家港河网的水质改善效果明显；开闸引水后，各测点的COD_{Mn}和NH_4^+-N浓度明显下降；产生的回水虽使一些测点的浓度值出现暂时的大幅增加，但引水对于改善整个张家港河网的水环境仍具有积极意义

2.3.2　调水引流改善水环境机理

调水引流对水环境的改善效果已经在国内外部分实践中得到充分证实。关于调水引流改善水环境的机理认识，主要集中在两个方面：①引入清水的稀释作用；②调水引流对水动力的改善。

1. 引入清水的稀释作用

稀释能力是影响水体纳污能力的关键因素之一。所谓稀释，是指用某种组分含量较低的水中和该组分含量较高的水，降低水中该组分浓度的过程。稀释是一个物理过程，污染物在稀释过程中不发生降解作用。调水引流实践通常是以相对清洁的水体为供水水源，将水质较好的水引入受污染的城市河流，能快速稀释和降低污染物质在水体中的相对浓度，从而增大水体的净污比，使其稀释容量大大提高，减轻污染物质在水体中的危害程度。稀释过程作为调水引流改善水环境的机理之一，已被广泛接受。

2. 调水引流对水动力的改善

对于河网而言，引调水不只是增大了河网的水量、稀释了污水，更重要的是改变了河网水体的流速，使原有水体由静变动，流动由慢变快，大大提高了水体的复氧能力和自净能力，使水体中的各种污染物质得到较为迅速的降解；与此同时，调水还改变了河网水体的流向，使水体由往复流变成单向流，加速了污染物向区域外围的迁移。

"流水不腐"生动刻画了流速对于水体生命力的重要性。这是因为，流速与水体的复氧能力息息相关。水动力与复氧系数之间的关系，长久以来都是研究的热点，受实验条件及研究手段的限制，经验模型还是目前描述水动力与复氧系数之间关系的常用方法。李玉梁和廖文根（1992）在总结相关计算公式（表2.3）后

表2.3　河流复氧系数经验/半经验公式

公式类别	公式	公式类别	公式
经验	$K_2 = 0.235U^{0.969}H^{-1.673}$	半经验	$K_2 = 8.15\,(US)^{0.408}H^{-0.66}$
	$K_2 = 0.241UH^{-1.33}$		$K_2 = 8.7\,(US)^{0.5}H^{-1}$
	$K_2 = 0.325U^{0.73}H^{-1.75}$		$K_2 = 0.38US$
	$K_2 = 0.25U^{0.07}H^{-1.85}$		$K_2 = 1.08\,(1+0.17Fr^2)\,(US)^{0.375}H^{-1}$
	$K_2 = 0.223UH^{-1.5}$		$K_2 = 1.17\,(1+Fr^{0.5})\,UH^{-1}$
	$K_2 = 0.512\,(U/H)^{0.85}$		$K_2 = 2.01U_*H^{-1}$
	$K_2 = 0.212U^{0.703}H^{-1.054}$		$K_2 = 0.00102U^{2.695}H^{-3.085}S^{-0.823}$
	$K_2 = 0.0847U^{0.6}H^{-1.4}$		$K_2 = 1.54U^{0.423}S^{0.273}H^{-1.408}$
	$K_2 = 0.262U^{0.607}H^{-1.689}$		$K_2 = 118\,(U_*/U)^3\,(U/H)$
			$K_2 = 418H^{-0.25}S^{0.75}$

注：K_2 为复氧系数，h^{-1}；U 为断面平均流速，m/s；H 为水深，m；U_* 为摩阻流速，m/s；S 为水力坡降；Fr 为弗劳德数

发现，经验或半经验公式涉及断面平均流速、水深、水力坡降、弗劳德数及摩阻流速等水动力因子。虽然公式间存在一定的差异，但是复氧系数随断面平均流速和水力坡降的增加而增加，随水深的增大而减小，复氧系数与流速的 $0.07 \sim 2.695$ 次方成正比，与水深的 $0.66 \sim 3.085$ 次方成反比。李锦秀和廖文根（2002）在分析和计算的基础上指出，随着水位抬高，流速减缓，三峡库区单位时间内的 BOD_5 降解系数将明显减小。

DO 是关系水体净化能力的一个重要因素。耗氧污染物的降解必须在足够的 DO 浓度下才能有效进行，比如有机污染物的降解、有机氮（ON）的矿化、$NH_3\text{-}N$ 的硝化过程，都必须有 DO 的参与才能完成。水体 DO 浓度升高，有利于磷酸盐与金属离子（如 Fe^{3+}）发生络合反应，促进磷酸盐向沉积物中迁移。相反，DO 浓度不足，水体向还原环境转变，Fe^{3+} 被还原成 Fe^{2+}，导致磷化合物的溶解度升高，沉积物中的磷向上覆水体迁移（Lehtoranta et al.，2004）。在还原环境下，硫酸盐（SO_4^{2-}）被还原成硫化物（S^{2-}），不仅会造成水体黑臭，还会对水中生物产生生理毒害（董红霞，2005；Calleja et al.，2007）。

水中颗粒的沉降也与水流速度相关，流速上升，细小颗粒物不易沉降。河流水体的颗粒物对硝化过程存在一定的影响。有颗粒物存在的条件下，水体的硝化速率显著高于无颗粒水体的硝化速率；颗粒物的存在还有利于水体各种氮转化细菌的生长，有颗粒物水体各种细菌的数量显著高于无颗粒物水体细菌的数量（李素珍等，2007）。对于流速升高导致沉积物再悬浮带来的上覆水体氮、磷含量升高，可以通过底泥疏浚来有效控制。

综上分析可知，调水引流改善水环境的机理是建立在水体自净过程的基础上的，即通过改变影响水体自净能力的因素而使水体的自净能力变大，从而达到水质改善的目的。调水引流通过改变水量、水动力条件，强化了受水区的自净过程，包括①稀释、扩散、混合等物理自净过程；②氧化还原、酸碱中和、分解化合、吸附凝聚等物理化学自净过程；③生物自净过程。

2.4　调水引流在水体富营养化治理中的应用

在湖泊、水库等水体的富营养化治理中，调水引流也被认为是一种重要而快速的富营养化控制手段。Oglesby（1968）的研究表明，调水显著降低了格林（Green）湖的营养盐水平、浮游藻类含量及水体的初级生产力水平，明显改善了湖体的富营养化状况。Welch 等（1992）发现，调入低营养盐水稀释和控制污水排放后，摩西（Moses）湖的营养水平由重度富营养化转变成轻度富营养化；TP 和 Chl-a 浓度降低了 70% 以上；水体透明度也比预期增加很多，水体的交换率也得到了大幅度提升（Welch and Patmont，1980）。Hu 等（2008）认为，2002 年冬春和 2003

年夏秋进行的"引江济太"调水试验均可显著降低水体的浮游藻类含量和 TN 浓度，对部分水域的 DO 也有改善作用。

调水引流在降低水体营养盐水平和浮游藻类含量的同时，还能改变水体的营养结构，从而改变水体浮游生物的群落结构。荷兰费吕沃（Veluwe）湖的调水试验表明，调水可以降低水体 TP 的含量，从而改变湖体浮游藻类的群落结构，使藻类优势种由绿藻单一优势向绿藻-硅藻复合优势转变（Hosper and Meyer，1986）。王小雨（2008）的研究表明，引水稀释并降低了湖泊水体的营养盐和 COD$_{Cr}$ 浓度，浮游藻类的多样性增加，枝角类和桡足类大型浮游动物所占的比例也有所上升，水质得到明显改善。日本泰加（Tega）湖的藻类优势种在调水工程实施后也由铜绿微囊藻 *Microcystis aeruginosa*（蓝藻的一种）向小环藻 *Cyclotella* sp.（硅藻的一种）转变（Amano et al.，2010）。

然而，由于水体特性不同及外在因素的不断变化，调水对富营养化水体的改善效果在不同水体，甚至是同一受纳水体的不同区域、同一水体的不同水质指标上也存在很大的差别。比如，Welch 等（1992）发现，调水虽然降低了摩西湖的 Chl-a 和 TP 浓度，但是对于浅水区域，因风和鱼类的扰动造成水体比较浑浊，透明度改善效果不明显；虽然湖泊的营养状态发生了显著改变，但是藻类组成却未发生改变，春夏季水体的蓝绿藻数量仍占藻类总量的 60% 以上。Zhai 等（2010）的研究表明，"引江济太"的第一阶段（2002~2004 年）5 月和 8 月对太湖生态系统的改善效果比 11 月和 2 月好，而第二阶段（2005~2007 年）在东太湖湖湾和东部浅水区域则出现了相反的状况。Hu 等（2008）的模拟结果也表明，调水对太湖 TP 的改善效果不显著，相反，由于调水造成了太湖氮磷的净输入，可能会导致太湖发生更严重的蓝藻水华，调水只能作为控制水华的应急措施。Hu 等（2010）认为，调水引流对小型水体生态环境的改善作用明显，对太湖这样大的水体，水质改善效果并不令人满意。

实际上，调水引流对小型湖泊的水质改善效果也不是长期有效的。张丹宁（1996）在分析 1988 年玄武湖的水质资料后得出，虽然 20 世纪 60 年代就实施了引下关电厂冷却水改善玄武湖水环境的计划，但是该工程仅促进了湖水的交换，使水体的 DO 含量升高；由于引入水体的水质较差，导致湖泊水体氮、磷及 COD$_{Mn}$ 等指标的上升幅度很大。吴洁等（1999）也同样发现，西湖引水工程运行 10 年后，仅对小南湖区域的改善效果明显，其他湖区的底栖动物群落仍为富营养型。

出现以上结果的原因可能是过分强调了水量和水流的作用。事实上，调水引流对湖泊水质的改善效果还受到调水路线、风等因素的影响。Li 等（2011）模拟"引江济太"期间太湖水龄（water age）的变化及分布后指出，单纯地通过望虞河调水只对贡湖湾、湖心区和东部浅水区的水质有改善效果，对污染严重的梅梁湾和竺山湾的水质没有改善效果；东南风和西北风对调水引流改善梅梁湾和东部供水区域的水质有促进作用。但是风向对蓝藻的水平分布有很大的影响（Wu et al.，2010），因此仅以表征藻类生物量的替代指标（如 Chl-a）为考察对象，不能全面反映调水引流的效果。

　　调水引流治理湖泊富营养化的优点是见效快。调水期间水体的水动力条件得到改善，水体的复氧量增加，有利于水体自净能力的提高，同时调水也使死水区和非主流区的污染水体得到置换。但是，该方法的缺点也十分明显：①水源的限制。该方法需要调出区具有大量优质的水源，对于小型湖泊，水量供应上可能实现。Li 等（2011）认为，实现改善太湖水质的最佳引水流量为 $100m^3/s$，如果长江没有充足的水源，"引江济太"工程是很难实现的。水质方面，如果水源的水质较差，可能造成受水区的水质恶化与污染物累积。②调水工程的建设，需要投入大量资金，且运行费用也不容乐观。③水质改善效果的持续性不佳。虽然调水期间水质的改善效果较为明显，但是一旦调水停止，水质又会重新恶化。④调水增加下游水体的负荷压力。调水的冲刷作用可能将部分污染物带入下游水体，造成下游水体的污染负荷增加，甚至水质恶化。

参 考 文 献

白智娟. 2008. 调水后额济纳绿洲植被变化研究[D]. 呼和浩特: 内蒙古师范大学.

陈卫东, 黄海田. 2005. 江水北调泵站调水运行费用计算方法初探[J]. 中国农村水利水电, (3): 112-114.

董红霞. 2005. 环境废水中硫化物的电化学方法测定与治理[D]. 西安: 西安理工大学.

董娜. 2009. 白洋淀湿地生态干旱及两库联通补水分析[D]. 保定: 河北农业大学.

高永年, 高俊峰. 2010. 南水北调中线工程对汉江中下游流域生态环境影响的综合评价[J]. 地理科学进展, 29(1): 59-64.

胡尧文. 2010. 杭嘉湖地区引排水工程改善水环境效果分析[D]. 杭州: 浙江大学.

黄娟. 2006. 平原河网典型区原型调水试验及水环境治理方案研究——以常熟市为例[D]. 南京: 河海大学.

李锦秀, 廖文根. 2002. 水流条件巨大变化对有机污染物降解速率影响研究[J]. 环境科学研究, 15(3): 45-48.

李素珍, 夏星辉, 张菊. 2007. 不同河流水体颗粒物对硝化过程的影响[J]. 环境化学, 26(4): 419-424.

李新民, 敖荣军, 刘仁忠, 等. 2003. 南水北调中线工程与汉江流域生态环境保护[J]. 华中师范大学学报(自然科学版), 37(3): 433-435.

李玉梁, 廖文根. 1992. 河流的大气复氧[J]. 交通环保, 13(4): 12-18.

刘强, 陈进, 黄薇. 2005. 南水北调工程实施后汉江水华发生可能性研究[J]. 长江流域资源与环境, 14(1): 60-65.

陆勤. 1999. 苏州河水质现状及引清调水试验[J]. 上海农学院学报, 17(1): 62-67.

陆勤. 2004. 浦东新区河网引清调水试验研究[J]. 水资源研究, 25(2): 30-31.

沈洪. 2000. 国外调水工程纵横谈[J]. 四川水利, 21(5): 56-58.

沈佩君, 邵东国, 郭元裕. 1995. 国内外跨流域调水工程建设的现状与前景[J]. 武汉水利电力大学学报, 28(5): 463-469.

司春棣. 2007. 引水工程安全保障体系研究[D]. 天津: 天津大学.

汤建中, 宋韬, 江心英, 等. 1998. 城市河流污染治理的国际经验[J]. 世界地理研究, 7(2): 114-119.

汪秀丽. 2004. 国外流域和地区著名的调水工程[J]. 水利电力科技, 30(1): 1-25.

王超, 逄勇, 崔广柏, 等. 2005. 张家港水环境调水实验研究及数学模型建立[J]. 环境科学与技术, 28(5): 3-4, 36.

王小雨. 2008. 底泥疏浚和引水工程对小型浅水城市富营养化湖泊的生态效应[D]. 长春: 东北师范大学.

吴洁, 王锐, 俞剑莹, 等. 1999. 西湖引水治理后的底栖动物群落[J]. 环境污染与防治, 21(5): 25-29.

谢敏, 王新才, 管光明, 等. 2006. 汉江中下游"水华"成因分析及其对策初探[J]. 人民长江, 37(8): 43-45.

熊万永. 2000. 福州内河引水冲污工程的实践与认识[J]. 中国给水排水, 16(7): 26-28.

徐少军, 林德才, 邹朝望. 2010. 跨流域调水对汉江中下游生态环境影响及对策[J]. 人民长江, 41(11): 1-4.

徐元明. 1997. 国外跨流域调水工程建设与管理综述[J]. 人民长江, (3): 11-13.

杨立信, 刘国纬. 2003. 国外调水工程[M]. 北京: 中国水利水电出版社.

张丹宁. 1996. 玄武湖引水工程的环境效益分析[J]. 江苏环境科技, (1): 29-31, 37.

张刚, 逄勇, 崔广柏. 2006. 改善太仓城区水环境原型调水实验研究及模型建立[J]. 安全与环境学报, 6(4): 34-37.

张文佳. 2009. 海洋泾调水对常熟市平原河网区水环境影响研究[D]. 南京: 河海大学.

赵静. 2010. 黑河流域陆地水循环模式及其对人类活动的响应研究[D]. 北京: 中国地质大学.

赵小兰, 薛峰. 2008. 水利工程调水对江阴市水环境改善研究[J]. 水资源保护, 24(5): 20-23, 82.

Allison M A, Meselhe E A. 2010. The use of large water and sediment diversion in the lower Mississippi River (Louisiana) for coastal restoration[J]. Journal of Hydrology, 387(3): 346-360.

Amano Y, Sakai Y, Sekiya T, et al. 2010. Effect of phosphorus fluctuation caused by river water dilution in eutrophic lake on competition between blue-green alga *Microcystis aeruginosa* and diatom *Cyclotella* sp. [J]. Journal of Environmental Sciences, 22(11): 1666-1673.

Bulkley J W, Wright S J, Wright D. 1984. Preliminary study of the diversion of $283m^3s^{-1}$ (10 000 cfs) from Lake Superior to the Missouri River Basin[J]. Journal of Hydrology, 68(1-4): 461-472.

Calleja M L, Marbà N, Duarte C M. 2007. The relationship between seagrass (*Posidonia oceanica*) decline and sulfide porewater concentration in carbonate sediment[J]. Coastal and Shelf Science, 73(3): 583-588.

Chen Y N, Pang Z H, Chen Y P, et al. 2008. Response of riparian vegetation to water-table changes in the lower reaches of Tarim River, Xinjiang Uygur, China[J]. Hydrogeology Journal, 16(7): 1371-1379.

DeLaune R D, Jugsujinda A, West J L, et al. 2005. A screening of the capacity of Louisiana freshwater wetlands to process nitrate in diverted Mississippi River water[J]. Ecological Engineering, 25(4): 315-321.

Hosper H, Meyer M L. 1986. Control of phosphorus loading and flushing as restoration methods for Lake Veluwe, The Netherlands[J]. Hydrobiological Bulletin, 20(1-2): 183-194.

Hu L M, Hu W P, Zhai S H, et al. 2010. Effects on water quality following water transfer in Lake Taihu, China[J]. Ecological Engineering, 36(4): 471-481.

Hu W P, Zhai S J, Zhu Z C, et al. 2008. Impacts of the Yangtze River water transfer on the restoration of Lake Taihu[J]. Ecological Engineering, 34(1): 30-49.

Hyfield E C G, Day J W, Cable J E, et al. 2008. The impacts of re-introducing Mississippi River water on the hydrologic budget and nutrient inputs of a deltaic estuary[J]. Ecological Engineering, 32(4): 347-359.

Hyfield E C G, Day J W, Mendelssohn I, et al. 2007. A feasibility analysis of discharge of non-contact, once-through industrial cooling water to forested wetlands for coastal restoration in Louisiana[J]. Ecological Engineering, 29(1): 1-7.

Lehtoranta J, Heiskanen A S, Pitkänen H. 2004. Particulate N and P characterizing the fate of nutrients along the estuarine gradient of the River Neva (Baltic Sea) [J]. Estuarine, Coastal and Shelf Science, 61(2): 275-287.

Lane R R, Day J W, Justic D, et al. 2004. Changes in stoichiometric Si, N and P ratios of Mississippi River water diverted through coastal wetlands to the Gulf of Mexico[J]. Estuarine, Coastal and Shelf Science, 60(1): 1-10.

Lane R R, Day J W, Kemp G P, et al. 2001. The 1994 experimental opening of the Bonnet Carre Spillway to divert Mississippi River water into Lake Pontchartrain, Louisiana[J]. Ecological Engineering, 17(4): 411-422.

Lane R R, Day J W, Marx B D, et al. 2007. The effects of riverine discharge on temperature, salinity, suspended sediment and chlorophyll a in a Mississippi delta estuary measured using a flow-through system[J]. Estuarine, Coastal and Shelf Science, 74(1-2): 145-154.

Lane R R, Mashriqui H S, Kemp G P, et al. 2003. Potential nitrate removal from a river diversion into a Mississippi delta forested wetland[J]. Ecological Engineering, 20(3): 237-249.

Li Y P, Acharya K, Yu Z B. 2011. Modeling impacts of Yangtze River water transfer on water ages in Lake Taihu, China[J]. Ecological Engineering, 37(2): 325-334.

Oglesby R T. 1968. Effects of controlled nutrient dilution on a eutrophic lake[J]. Water Research, 2(1): 106-108.

Pearlstine L, McKellar H, Wiley K. 1985. Modelling the impacts of a river diversion on bottomland forest communities in the Santee River floodplain, South Carolina[J]. Ecological Modelling, 29(1-4): 283-302.

Piazz B P, Peyre M K L. 2011. Nekton community response to a large-scale Mississippi River discharge: Examining spatial and temporal response to river management[J]. Estuarine, Coastal and Shelf Science, 91(3): 379-387.

Rozas L P, Minello T J. 2011. Variation in penaeid shrimp growth rates along an estuarine salinity gradient: Implications for managing river diversions[J]. Journal of Experimental Marine Biology and Ecology, 397(2): 196-207.

Snedden G A, Cable J E, Swarzenski C, et al. 2007. Sediment discharge into a subsiding Louisiana deltaic estuary through a Mississippi River diversion[J]. Estuarine, Coastal and Shelf Science, 71(1-2): 181-193.

Welch E B, Patmont C R. 1980. Lake restoration by dilution: Moses lake, Washington[J]. Water Research, 14(9): 1317-1325.

Welch E B, Barbiero R P, Bouchard D, et al. 1992. Lake trophic state change and constant algal composition following dilution and diversion[J]. Ecological Engineering, 1(3): 173-197.

Wu X D, Kong F X, Chen Y W, et al. 2010. Horizontal distribution and transport processes of bloom-forming *Microcystis* in a large shallow lake (Taihu, China) [J]. Limnologica, 40(1): 8-15.

Xu X R, Tang H W, Qin W Y. 2008. Techniques of water diversion and sediment prevention in estuary regions[C]. Proceeding of 16th IAHR-APD Congress and 3rd Symposium of IAHR-ISHS, Hohai University, Nanjing, China.

Zhai S J, Hu W P, Zhu Z C. 2010. Ecological impacts of water transfers on Lake Taihu from the Yangtze River, China[J]. Ecological Engineering, 36(4): 406-420.

第3章 藻类生长影响因素研究进展

3.1 温度对藻类生长的影响

生物体的生长繁殖是在一系列生物酶催化下进行的复杂的生物化学过程。温度可以显著影响酶的活性，每一种酶均有其最适宜的温度范围（许冰等，2010）。作为一类生物有机体，藻类的生长显然会受到温度的影响。Ye 等（2011）认为，由于大部分藻类的光合作用是在表层水体进行的，所以气温能够影响藻类的生长，如果年均气温升高 1.0℃，那么藻类可增加 0.145 倍，水体富营养化越严重，气温对藻类生长的影响越强烈。

调查表明，在温度变化明显的地区，水体藻类的现存量（多以 Chl-a 表示）与温度的相关性显著（吕唤春等，2003；葛大兵等，2005；任学蓉和张宁惠，2006；阮晓红等，2008）。但是也有研究表明，即使在季节性温度变化不大的情况下，温度也可能成为某些湖泊藻类生长的限制因子（缪灿等，2011）。受长期进化影响，每种藻类均具有自己最适应的生长温度范围，一旦温度超出了其最佳生长范围，藻体的生理过程将受到抑制，其生长可能变缓甚至停止。在天然水体中，这一抑制作用可能带来藻类群落结构的演替。比如，太湖梅梁湾冬季的藻类优势种为硅藻和隐藻，夏季为绿藻和蓝藻（宋晓兰等，2007）；汉江的硅藻水华也主要发生在温度较低的冬季和早春（王培丽，2010）；黑龙江黑河段夏季的藻类主要是广温普生型的，而早春和晚秋则是一些喜欢低温的冷水型种类（孙春梅和范亚文，2009）。

研究温度对不同藻类生长特性的影响，可以从温度变化角度有效解释水华的发生机制，同时也能解释浮游藻类群落的演替。晁建颖等（2011）在研究温度对铜绿微囊藻和斜生栅藻的最佳生长率及竞争作用影响时发现，在 7～35℃范围内，微囊藻的比增长率随温度的升高而增加，栅藻的比增长率随温度的增加呈现先升高后降低的特征，微囊藻的最佳生长温度为 35℃，而栅藻的最佳生长温度为 25℃。张青田等（2011）的研究显示，铜绿微囊藻的最佳生长温度为 30～35℃，30℃培养条件下可获得最大藻细胞密度；温度低于 20℃时，铜绿微囊藻的生长受到抑制。高温有利于铜绿微囊藻获得有利的生态位，因此，在混合培养体系中，铜绿微囊藻的竞争优势均随着温度的升高而增加（晁建颖等，2011；谭啸等，2006）。也有研究认为铜绿微囊藻生长的最适宜温度是 25℃（李艳红，2010）。

温度对藻类生长的影响在生态模型中也得到了充分体现。Joel 和 Edward

（1974）在调研基础上指出，藻类最大生长率与温度的关系可以用 Arrhenius 方程[式（3.1）]进行描述，并成功将该方程与描述营养盐对藻类生长影响的 Monod 方程[式（3.2）]进行耦合，得到藻类生长率与温度及营养盐的关系[式（3.3）]。考虑到藻种间的差异、光照强度与温度之间强烈的交互作用及温度对营养盐半饱和常数的影响，他们对式（3.3）进行了修正，最终得到式（3.4）。

$$\mu_{\max} = A e^{-E/RT} \tag{3.1}$$

式中，$\mu_{\max}$ 为藻类最大生长率，d^{-1}；A 为常数，d^{-1}；E 为活化能（activation energy），$cal^{①}/mol$；R 为普适气体常数（universal gas constant），$cal/(K \cdot mol)$；T 为温度，K。

$$\mu = f(s) = \mu_{\max} \frac{S}{K_S + S} \tag{3.2}$$

式中，μ 为藻类生长率，d^{-1}；$\mu_{\max}$ 为藻类最大生长率，d^{-1}；S 为限制藻类生长的底物浓度，mg/L；K_S 为半饱和常数，mg/L。

$$\mu = A e^{-E/RT} \frac{S}{K_S + S} \tag{3.3}$$

$$\mu = A e^{-E(L)/RT} \frac{S}{K_S(T) + S} \tag{3.4}$$

式中，$K_S(T)$ 为与温度有关的半饱和常数，mg/L；$E(L)$ 为与光照有关的活化能，cal/mol；其他参数的意义同上。

在 Thomann 和 Mueller（1987）提出的藻类生长模型中，温度也作为一个重要参数位列其中。他们认为，藻类的生长是温度、营养盐及光照共同作用的结果，可以用式（3.5）～式（3.9）描述藻类生长率（μ）与温度（T）、光照（L）及营养盐（N 和/或 P）的关系。

$$\mu = f(T) \cdot \min(f(P); f(N)) \cdot f(L) \tag{3.5}$$

$$f(T) = \mu_{\max} \cdot \theta^{T - T_{\max}} \tag{3.6}$$

$$f(L) = \frac{1}{ah} \ln \frac{I_0 + I}{I_0 e^{-2ah} + I_s} \tag{3.7}$$

$$f(N) = \frac{TN}{TN + K_N} \tag{3.8}$$

$$f(P) = \frac{TP}{TP + K_P} \tag{3.9}$$

式中，μ 为藻类实际生长率，d^{-1}；$\mu_{\max}$ 为藻类最大生长率，d^{-1}；T 为藻类生长的实际温度，℃；$T_{\max}$ 为藻类生长的最佳温度，℃；θ 为温度修正系数；a 为水体综

---

① cal 指能量单位卡路里，1cal=4.184J。

合消光系数，m^{-1}；h 为水深，m；I_0 为水面辐射强度，kcal/（$m^2 \cdot d$）；I 为辐射强度，kcal/（$m^2 \cdot d$）；I_s 为光半饱和常数，kcal/（$m^2 \cdot d$）；TN 为水体总氮浓度，mg/L；K_N 为总氮半饱和常数，mg/L；TP 为水体总磷浓度，mg/L；K_P 为总磷半饱和常数，mg/L。

3.2　光照对藻类生长的影响

在 Thomann 和 Mueller（1987）的藻类生长模型中，光照（L）是影响因素之一。实际上，大部分藻类为光能自养型生物，是水体主要的初级生产者和光能利用者，光照对其生长的影响显而易见。

黄钰铃等（2008）通过正交实验证实，蓝藻水华是氮磷营养、水温及光照综合作用的结果，其中光照对水华消长的影响最大，是蓝藻生长和水华发生的主导因子。但是关于藻类生长的最佳光照强度，目前还存在一定的分歧。例如，张丽霞等（2009）认为，铜绿微囊藻的最佳生长光照强度为 40μmol/（$m^2 \cdot s$）；强光胁迫下，铜绿微囊藻的荧光参数 Fv/Fm 显著降低，细胞分裂速度也显著降低；10μmol/（$m^2 \cdot s$）的弱光条件显著抑制了铜绿微囊藻的生长。王崇等（2010）则认为铜绿微囊藻生长的饱和光照强度为 40～100μmol/（$m^2 \cdot s$）；王珂（2006）则认为 3000lx 为其最佳生长光照强度。

随着季节的自然交替，到达地球表面的太阳辐射也随之变化，藻类可用于进行光合作用的光能也随之变化。光能是藻类进行光合作用的动力能源，但是受种类差异的影响，不同藻类光合作用需求的光能不一样。不同藻类对光照存在竞争作用（Huisman et al., 1999），光照的季节变化也可能是水体浮游藻类群落演替的诱导因素之一。

对于微囊藻等具有自动调节功能的藻类来说，光照也是其在水体内悬浮位置的主要控制因子（李坤阳，2009）。湛敏等（2010）模拟发现，随着光照的变化，在年时间尺度上，三峡库区的蓝藻在冬季沉入水底进行休眠；4 月开始复苏；5 月和 10 月接近水体表面，容易发生垂直迁移；6～9 月的迁移速率较大，容易发生水华；11 月开始进入休眠前的过渡期，与 4 月复苏时一样，伪空胞的浮力调节能力较弱。在天时间尺度上，6 月上午 8 点至 10 点容易暴发水华，而 9 月多发生在 10 点至 11 点。谢丽娟（2010）还发现，在营养盐限制的条件下，50μmol/（$m^2 \cdot s$）的光照有利于铜绿微囊藻和水花微囊藻的生长及藻毒素的生成。

3.3　营养盐对藻类生长的影响

3.3.1　氮、磷对藻类生长的影响

水体的营养盐含量对藻类的生长有重要影响。藻类只有在营养盐充足的条件

下才能顺利生长繁殖,藻类水华的发生一般认为首先需要水体中有过量的营养盐,使水体处于富营养状态。目前，氮、磷被认为是影响大部分藻类生长最重要的营养元素，如果湖泊的 TN 达到 0.2mg/L、TP 达到 0.02mg/L 即表明湖泊水体处于富营养状态，可能发生藻类水华。营养物质的供应和可利用性显著影响着藻类的生物量和物种组成（Xenopoulos et al.，2002）。郑晓宇等（2012）研究了不同初始氮、磷浓度下铜绿微囊藻的生长特性发现，满足铜绿微囊藻正常生长的氮、磷最小浓度分别为 4.0mg/L 和 0.5mg/L。

在研究营养盐对藻类生长的影响时，不仅要关注营养盐的浓度，还要关注水体中营养盐的赋存形态。这是因为如果营养盐的赋存形态为生物不可利用的，那么，即使环境中的营养盐赋存浓度很高，也可能不会促进生物的生长。比如，氮在水中具有 NH_4^+-N、亚硝酸盐氮（NO_2^--N）、NO_3^--N 及 ON 四种赋存形态，而且具有溶解态和颗粒态两种赋存状态。这些不同的赋存形态和状态并不是单一存在的，只不过在某种环境条件下以某一种或某几种形态和状态占优。

营养盐不同形态之间的转化可能会影响藻类的生长，从而改变藻类的群落结构组成。对于氮来说，氨氮被认为是多数藻类可以直接利用的无机氮（IN）（Rodrigues et al.，2010）。氨氮包含了离子氨（NH_4^+）和非离子氨（NH_3）两种形态，其中的 NH_3 具有生物毒性。随着水体 pH 的升高，NH_3 在 NH_4^+-N 中的比例也升高（Emerson et al.，1975），可能对水生生物造成毒害（Azov and Goldman，1982；Wee et al.，2007；Wicks et al.，2002；Wicks and Randall，2002；Wang et al.，2008），从而破坏水体生态平衡。部分学者也研究了 NH_3 对藻类的急性毒性（Tam and Wong，1996；Yuan et al.，2010）。唐全民等（2008）研究认为，NH_4^+-N 不利于铜绿微囊藻的生长，NH_4^+-N 浓度升高会导致铜绿微囊藻的最大生长率降低。张玮等（2006）认为，在培养基中正磷酸盐含量稳定的情况下，NH_4^+-N 浓度的改变可影响铜绿微囊藻的生长，最适合的浓度范围在 1.83～18.3mg/L，浓度再升高就会抑制铜绿微囊藻的生长和生理过程。NH_4^+-N 还能够抑制藻类吸收 NO_3^--N（Peuke and Tischner，1991），且这种毒性随着物种的不同而不同（Tam and Wong，1996），因此，NH_4^+-N 浓度的变化能够使浮游藻类群落产生相应的变化（王轲等，2012）。

NO_3^--N 是各种微藻培养液的常用氮源。连民等（2001）认为高浓度的 NO_3^--N 有利于铜绿微囊藻的生长和毒素合成。藻类吸收 NO_3^--N 需要通过一系列酶促反应将 NO_3^--N 还原为 NO_2^--N，最终还原为 NH_4^+-N 后才可以利用。NO_2^--N 一般不能为生物体直接利用，而且当其含量达到一定浓度后，会造成有机体的损伤（Yang et al.，2004；Abe et al.，2002；Garbisu et al.，1992）。因此，在以 NO_3^--N 为氮源的时候，如果浓度过高，也可能因为 NO_2^--N 在细胞内的累积而抑制微囊藻的生长。但是王爱业等（2008）发现，0.5～8.0mg/L 的 NO_2^--N 可激活铜绿微囊藻细胞内的亚硝酸氧化酶和亚硝酸还原酶，进而促进铜绿微囊藻的生长；受自身生理特征的影响，四尾栅藻（绿藻的一种）因为细胞内仅含有亚硝酸还原酶，而对 NO_2^--N 的利用能力较低。

　　长期以来，一直认为 ON 难以被藻类吸收利用，但是 ON 的存在形式有很多，其中不乏能够被藻类利用的成分，而且自然水体中广泛存在的微生物可以将 ON 转化成 NH_4^+-N 和尿素（Berman et al.，1999），有研究表明 ON 可以作为某些藻类生长的唯一氮源（Berman，1997；Berman and Chava，1999）。但是藻类在利用 ON 时具有很强的选择性。Seitzinger 和 Sanders（1999）发现雨水中的溶解性有机氮（DON）有利于硅藻成为优势种，而 IN 则有利于小型单细胞藻类成为优势种。Gu 等（1997）在分析美国 Okeechobee 湖夏季蓝藻对氮源的利用时发现，在蓝藻暴发时吸收的各种氮源中，NH_4^+-N 占 53%，NO_3^--N 占 19%，尿素占 16%，还有 12%为藻类对大气中氮的固定。以色列 Kinneret 湖束丝藻（蓝藻的一种）暴发时的氮源比例分析表明，尽管水体中的氮源为 ON，即使是具有固氮功能的藻类，也会优先利用水体中现有的氮源，可能的原因是固氮过程所消耗的能量远比直接或间接利用 ON 时消耗的能量高，从而促使具有固氮功能的藻类在氮源不足时优先利用部分 ON（Berman，1997）。研究还表明，水体 DON 含量的变化还会引起藻类优势种的变化（Berman and Chava，1999；Seitzinger and Sanders，1997）。

　　在淡水水体中，通常认为藻类生长受磷的限制（Björkman and Karl，2003；Barlow et al.，2004；Monbet et al.，2009），为了降低磷对新陈代谢的影响，一些蓝藻可以在磷浓度较高的时候过量吸收环境中的磷，以聚磷酸盐的形式储存在细胞内，在磷缺乏的环境下，细胞内储存的聚磷酸盐可被藻类用于新陈代谢（Bental et al.，1988）。微囊藻较高的磷摄取速率是保证其在磷限制环境中成为优势种的原因之一，其细胞内储存的磷可供细胞分裂 2～4 次（Sommer，1985）。藻类对磷的利用同样受磷的赋存形态影响，并不是水体中的任意一种磷都能为藻类所利用。能被藻类直接吸收利用的磷主要包括溶解态活性磷、在微生物作用下表现出生物活性的溶解态非化学活性磷及易分解和容易从吸附物上解吸的水溶性磷（许海，2008）。大部分藻类可以直接利用正磷酸盐，而对溶解态有机磷（DOP）的利用可分为直接利用和间接利用（Chrost et al.，1986；Dyhrman et al.，2006）。不同藻类对磷的利用特性也有显著差异，比如，OP 更有利于褐毛藻类 Halothrix reinke 的生长繁殖，铜绿微囊藻在以甘油磷酸钠为磷源的培养实验中比以磷酸二氢钾为磷源的培养实验中生长得更好。

　　根据藻类分子组成模式，藻类分子中氮和磷的原子比为 16：1，质量比（N/P）为 7.2：1。所以，理论上当水体 N/P 大于 7.2 时，藻类的生长受磷的限制；当 N/P 小于 7.2 时，藻类的生长受氮的限制。在富营养化水体蓝藻优势的形成机理研究中，N/P 学说也最为流行（Kim et al.，2007）。Schindler（1977）发现，通过施加外源肥料改变水体的 N/P，可以诱导湖体藻类优势种发生转变。低 N/P 时，具有固氮能力的鱼腥藻和束丝藻大量生长，由此认为低 N/P 有利于水体中蓝藻优势的形成。Smith（1983）分析获得的湖泊资料发现，蓝藻在 N/P 小于 29 时有占优倾向，当 N/P 大于 29 时，蓝藻的优势降低，并基于此提出了"N/P 理论"。

Smith 提出的"N/P 理论"是基于资料的统计分析提出的，在资料的分析过程中并未考虑水体氮、磷浓度的变化，而水体氮、磷中的任意一个发生变化，均会导致 N/P 产生变化，因此该理论能否作为推断蓝藻优势形成的充分条件还有待商榷（Trimbee and Prepas，1987；Sheffer et al.，1997）。比如，唐汇娟（2002）发现，发生蓝藻水华湖泊的 N/P 在 13～35 之间变化，而未发生蓝藻水华湖泊的 N/P 则小于 13。Xie 等（2003）的研究表明，蓝藻水华在较高的 N/P 环境下也会发生，低 N/P 是蓝藻水华导致的结果，而不是蓝藻优势形成的诱导因素。许海等（2011）认为，N/P 对藻类生长的影响并不表现在一个确定的数值上，而与水体氮、磷的绝对浓度有关，在存在营养盐限制的情况下，N/P 的变化并不一定会导致藻类生长速率发生变化。

3.3.2 硅对藻类生长的影响

硅是硅藻等硅质有机体生长的必需元素。Krivtsov 等（2000）发现，冬季湖体硅的浓度对春季湖体磷的浓度和夏季湖体蓝藻的数量有较强的影响。如果湖体的硅藻在春季大量生长，容易引起湖体的硅和磷浓度下降，硅藻在硅的限制下死亡，死亡后的硅藻沉降到湖底，导致水体中的磷浓度降低，最终抑制了蓝绿藻水华在夏季发生。Poister 和 Armstrong（2003）也证实，水体中磷的降低与硅藻的沉降有关。但是，也有研究表明，硅藻沉降能够增加沉积物中磷的释放（Tallberg and Koski-Vähälä，2001；Hartikainen et al.，1996；Tallberg et al.，2008）。

作为浮游藻类的重要组成门类，硅藻的生长离不开硅。海洋硅藻的硅、氮、磷摩尔比（Si：N：P）为 16：16：1，并且按照这一比例从海水中吸收利用这三种营养盐（Hill，1963）。实地观测发现，在水体的 DSi 降到 8μmol/L 后，湖泊中硅藻的生长速率迅速下降，水体 DSi 的变化是富营养化湖泊硅藻群落季节演替的重要影响因素（Ittekkot et al.，2006）。

藻类对营养盐的吸收是按照一定的比例进行的，因此，硅浓度变化会导致水体的 Si：N：P 变化，从而影响藻类的生长，某些海洋生态系统中有害藻类水华发生的频次和程度与水体的 Si/N 和 Si/P 存在负相关关系（Ittekkot et al.，2006）。Turner 等（1998）的研究表明，由于氮、磷肥料的大量使用，路易斯安那大陆架水体中的 DSi/DIN 从 3：1 下降到 1：1，使得沿海生态系统由最初的硅藻和桡足类占优生态系统转变成一个有害藻类占优的生态系统。Humborg 等（1997）在黑海多瑙河河口的研究表明，人类活动引起 DIN、DIP 输入量增加，而多瑙河上建造的大坝引起 DSi 浓度下降，使得河口 DSi/DIN 和 DSi/DIP 下降，促进了非硅藻水华的发生（Bouvier et al.，1998）。Rocha 等（2002）发现，冬季较高的氮、磷引起 Guadiana 河口区域早春发生硅藻水华，导致硅损耗，春、夏季河流低输送率使得水体 Si/N 和 N/P 较低，又由于夏季水温较高，促进了蓝绿藻水华的发生。

由于影响藻类生长的因素众多（郑凌凌，2005），硅限制也不一定会引起非硅藻类水华；硅浓度充足也不一定会提升硅藻在浮游藻类群落中的生态位。比如，加拿大艾伯塔省 Lac La Biche 湖中的磷浓度较低，硅限制并没有引起蓝绿藻生物量增加（Crowe，2006）；Guadiana 河口蓝藻的生长与硅消耗没有关系，而是由 Alqueva 大坝的修建导致河口区淡水流量降低、盐度增加、光辐射下降和氮浓度升高造成的（Domingues et al.，2007）。受氮、磷限制，即使 DSi 的浓度大于 2μmol/L，黑海多瑙河河口的硅藻对总初级生产力的贡献也极小（Ragueneau et al.，2002）。Lancelot 等（2004）也观测到了类似的现象，在北海，DIP 在夏季硅藻生长过程中起着重要作用。如果 DIP 的浓度降低，硅藻的竞争能力也降低（Egge，1998）。

国内杨东方等（2006a，2002，2006b，2006c）通过对胶州湾的研究认为，周围的河流给胶州湾提供了丰富的硅酸盐，硅酸盐通过生物吸收、死亡和沉积，沉降到海底，硅不断地从陆源逐渐转移到海底，硅酸盐浓度逐渐下降，Si/DIN 常年小于 1，春、秋、冬季 Si/DIP 的值也都小于 16，这使得硅酸盐成为胶州湾春、秋、冬季浮游硅藻生长的限制营养盐，硅藻的优势地位逐步被甲藻类取代。李军（2005）在研究太湖生源要素氮、磷、硅的生物地球化学循环后指出，随着太湖营养盐，特别是磷负荷的增加，太湖的浮游藻类逐渐由以硅藻种群为优势的群落结构转变为以蓝藻种群为优势的群落结构。

许海（2008）的调查发现，太湖流域不同水体的 Si 含量呈明显的季节变化，太湖湖体春季的 Si 含量最低，夏季和冬季较高。孙凌等（2007）的实验表明，硅酸盐的增加能够促进硅藻及其他藻类的生长，改变少数几种蓝绿藻占优的状态，并对淡水蓝藻水华的产生起到一定的抑制作用。石晓丹（2010）发现，在蓝藻占优的时候，Si 比例的增大能够促进硅藻的增殖，改变蓝藻占优的状态，而对于以绿藻和硅藻为优势种的水体，Si 增加对浮游藻类群落的影响不显著。Si 对于浮游藻类群落的影响是基于单一地促进了硅藻的生长，还是基于在促进硅藻生长的同时，又抑制了其他藻类（如蓝藻和绿藻）的生长，目前还鲜见报道。

3.4 水动力条件对藻类生长的影响

在湖泊藻类的生长模型[式（3.5）]中，水动力条件没有作为影响因子被考虑。但是，对于水库、河流等水动力变化较为显著的水域，水动力变化对藻类生长的影响是不可忽略的（焦世珺等，2006；廖平安和胡秀琳，2005；Jassby and Powell，1994；Devercelli，2006）。在大型浅水湖泊中，浮游生物的数量和分布受水动力的影响也十分显著（陈伟明等，2000）。

　　流速是水动力条件最为直观的外在表现。曹巧丽（2008）在其他条件基本相同的前提下，开展了 10～40cm/s 不同流速下微囊藻水华的产生与消亡实验，发现在实验设置的流速范围内，微囊藻的生长周期随流速增加而增加，40cm/s 流速时的藻类现存量最大，10cm/s 时最小，30cm/s 的流速最有利于微囊藻的生长。流速对微囊藻生长的影响与水温、营养盐浓度等也密切相关。张毅敏等（2007）的研究表明，在不同的营养状态下，抑制微囊藻生长的临界流速不同，临界流速随 N/P 的升高而升高。王婷婷等（2010）在对比 15℃和 25℃两种典型温度下水流对微囊藻生长的影响后指出，流速对微囊藻生长的影响与一定范围内的温度有关，15℃时，水体流动不利于微囊藻的生长繁殖，而在 25℃时，水体流动有利于微囊藻的生长繁殖，15cm/s 流速下微囊藻的生物量最大。

　　相对于直接的流速实验，更多的是以实验装置的转速为度量，模拟水流扰动对藻类生长的影响。颜润润（2007）发现，较小的扰动有利于藻类的生长和聚集，单独培养体系中的微囊藻和栅藻均在 90r/min 的扰动强度下获得最佳生长条件；在混合培养体系中，90r/min 的扰动强度仍然有利于微囊藻的生长，却显著抑制了栅藻的生长。焦世珺（2007）通过室内实验得到的临界扰动强度较大，他认为，300r/min 和 800r/min 的扰动对藻类生长没有抑制作用，在 800r/min 左右存在水华发生的临界值。他还通过室外实验提出了小球藻和纤维藻生长的临界流速分别为 0.05m/s 和 0.01m/s，而栅藻和鱼腥藻对流速的变化不敏感。Hodaifa 等（2010）却发现栅藻在 350r/min 扰动下的生长速率比没有扰动下的生长速率高。

3.5　"引江济太"影响藻类生长潜在因素分析

　　"引江济太"调水引流工程是利用太湖流域已经初步建成的骨干水利工程，调整工程的运行方式，通过常熟水利枢纽和望亭立交水利枢纽的工程调度，将长江水通过望虞河引入太湖，并通过太浦河向下游的上海地区供水，以期带动流域内其他诸多水利工程的优化调度，加快水体流动，缩短太湖的换水周期，缓解地区紧张的用水需求。

　　2007 年，贡湖湾发生大面积蓝藻水华，导致整个无锡市供水系统瘫痪。为了改善太湖水质，缓解供水危机，相关部门及时实施"引江济太"工程，有效遏制了湖区的蓝藻水华，改善了湖区饮用水水源的水质（姜宇和蔡晓钰，2011）。调水引流可以快速展现对水质的改善效果，因而受到大家的极大关注并试图将调水引流的效益最大化，但是关于"引江济太"影响藻类生长的主要作用因子目前还缺乏共同的认识。分析"引江济太"对藻类生长影响因子的作用效果，有利于开展深入研究以全面厘清调水引流工程抑制藻类生长的机理。

3.5.1   "引江济太"对水温的影响

温度是藻类生长的主要影响因子之一。与长距离的跨流域调水工程相比,基于改善水环境质量的调水引流工程多是在流域内进行不同水体水量水质的调配,如南京的玄武湖调水引流工程、杭州西湖调水引流工程、"引江济太"工程等。受区域位置及气候特征影响,太湖流域周边水体的水温与太湖湖体的水温没有显著差异(许海,2008);2012 年 7 月和 2013 年 1 月对"引江济太"工程望虞河沿线及贡湖湾和梅梁湾水体水温的监测结果也表明,"引江济太"不会造成湖区水体温度的显著变化。因此,温度不是"引江济太"等区域内短距离调水引流工程影响藻类生长的作用因素,而是藻类生物量及群落结构自然更替的影响因素。

3.5.2   "引江济太"对湖区光照的影响

光照是影响藻类生长的又一重要因子。光辐射在太湖水体中的衰减主要受上覆水中悬浮固体含量的影响(Qin et al.,2007)。"引江济太"工程取水区的泥沙含量较高,如果泥沙在输送途中不能得到有效沉降,"引江济太"工程可能通过影响太湖水体的悬浮固体含量而影响水体中光辐射的变化,最终影响藻类的生长。

相关专题研究表明(南京水利科学研究院,2011a,2011b),随着输水路线的延长,江水中的泥沙在望虞河沿线得到了充分沉降,至望亭立交断面,水体含沙量已显著降低,仅很少部分进入太湖。风浪和环湖径流携带仍然是太湖水体泥沙含量的主要控制因素,"引江济太"工程对贡湖湾水体含沙量的影响有限,年平均含沙量的最大增加量仅为 3~8mg/L,且局限在望虞河入湖口附近数百米的范围内。因此,"引江济太"工程对湖区水体水下光照的影响较小,光照变化不是"引江济太"影响藻类生长的主要作用因子。

3.5.3   "引江济太"对湖区营养盐的影响

2007 年 5 月,贡湖湾南泉水厂取水口和锡东水厂取水口测点 Chl-a 含量分别达到 139μg/L 和 53μg/L,5 月 30 日至 6 月 13 日,南泉水厂水源地的 DO 浓度降到 0mg/L,NH_4^+-N 浓度最高值达到 8.60mg/L,平均为 2.60mg/L,TP 浓度最高值达 0.491mg/L,平均值为 0.214mg/L,TN 质量浓度最高值达到 12.2mg/L,平均值为 5.86mg/L。2007 年望虞河引水期间常熟枢纽和望亭枢纽断面的水质如表 3.1 所示。结果表明,虽然在长江水向太湖迁移的过程中,营养盐含量有所升高,但是仍然较湖区水体营养盐的含量低。2007 年"引江济太"前后贡湖湾水源地水质的变化结果(表 3.2)也表明,调水显著改善了南泉水厂取水口的水质,氮、磷浓度均显著降低,金墅湾水源地和锡东水厂取水口的 TN 含量也显著降低。

表3.1　2007年望虞河引水期间控制断面营养盐浓度　　（单位：mg/L）

测点名称	TP			TN		
	最高值	最低值	平均值	最高值	最低值	平均值
望虞河常熟枢纽	0.181	0.056	0.086	3.14	1.83	2.23
望虞河望亭枢纽	0.393	0.101	0.139	4.51	2.30	3.19
南泉水厂	0.491	0.062	0.184	13.0	1.47	4.34

表3.2　2007年"引江济太"前后贡湖湾水源地水质变化

测点名称	时间	TP /（mg/L）	TN /（mg/L）	NH$_4^+$-N /（mg/L）	COD$_{Mn}$ /（mg/L）	Chl-a /（μg/L）
南泉水厂取水口	前	0.140	5.14	1.21	8.25	55.35
	后	0.100	3.08	0.65	5.45	20.03
金墅湾水源地	前	0.070	3.69	0.87	5.38	17.53
	后	0.050	1.76	0.18	4.41	3.12
锡东水厂取水口	前	0.090	3.41	0.45	5.55	26.81
	后	0.080	2.61	0.51	3.28	10.80

营养盐含量，包括相对含量、绝对含量及不同赋存形态的含量，都是影响藻类生长的重要因素。"引江济太"工程显著降低了湖区水体的营养盐浓度，因此，营养盐浓度降低是"引江济太"工程抑制湖区藻类生长的主要作用因子之一。但是由于缺乏营养盐赋存形态变化的监测数据，尚无法从营养盐形态变化角度解释"引江济太"工程对藻类生长的影响。为了更好地解释"引江济太"的作用机理，有必要开展营养盐形态变化对藻类生长影响的实验研究。

3.5.4　"引江济太"对湖区流速的影响

目前，在解释调水引流工程抑制湖泊藻类水华的机理时，普遍认为水动力变化是主要作用因子之一。但是目前关于藻类生长临界流速的研究较少，而且多以间接指标（扰动强度）进行表征，以流速大小为表征的研究成果更少。不同研究的实验对象或实验条件不同，限制了研究成果的推广应用。

"引江济太"工程对湖区水体流速的影响程度及太湖蓝藻水华优势种——铜绿微囊藻生长对流速的响应关系都需要进一步开展研究，以便从水动力条件变化方面解释调水引流工程对湖区藻类生长的影响。

参 考 文 献

曹巧丽. 2008. 水动力条件下蓝藻水华生消的模拟实验研究与探讨[J]. 灾害与防治工程, 64: 67-71.

晁建颖, 颜润润, 张毅敏. 2011. 不同温度下铜绿微囊藻和斜生栅藻的最佳生长率及竞争作用[J]. 生态与农村环境学报, 27(2): 53-57.

陈伟明, 陈宇炜, 秦伯强, 等. 2000. 模拟水动力对湖泊生物群落演替的实验[J]. 湖泊科学, 12(4): 343-352.

葛大兵, 吴小玲, 周延凯, 等. 2005. 岳阳南湖水体中叶绿素 a 时空变化特征分析[J]. 湖南农业大学学报(自然科学版), 31(3): 328-330.

黄钰铃, 陈明曦, 刘德富, 等. 2008. 不同氮磷营养及光温条件对蓝藻水华生消的影响[J]. 西北农林科技大学学报(自然科学版), 36(9): 93-100.

姜宇, 蔡晓钰. 2011. 引江济太对太湖水源地水质改善效果分析[J]. 江苏水利, (2): 36-37.

焦世珺. 2007. 三峡库区低流速河段流速对藻类生长的影响[D]. 重庆: 西南大学.

焦世珺, 钟成华, 邓春光. 2006. 浅谈流速对三峡库区藻类生长的影响. 微量元素与健康研究[J]. 23(2): 48-50.

李军. 2005. 长江中下游地区浅水湖泊生源要素的生物地球化学循环[D]. 北京: 中国科学院研究生院.

李坤阳. 2009. 巢湖水体微囊藻生长潜力及浮力变化特征研究[D]. 合肥: 安徽农业大学.

李艳红. 2010. 环境因子对铜绿微囊藻生长和光合作用的影响[D]. 南昌: 南昌大学.

连民, 刘颖, 俞顺章. 2001. 氮、磷、铁、锌对铜绿微囊藻生长及产毒的影响[J]. 上海环境科学, 20(4): 166-171.

廖平安, 胡秀琳. 2005. 流速对藻类生长影响的试验研究[J]. 北京水利, (2): 12-14, 60.

吕唤春, 王飞儿, 陈英旭, 等. 2003. 千岛湖水体叶绿素 a 与相关环境因子的多元分析[J]. 应用生态学报, 18(8): 1347-1350.

缪灿, 李堃, 余冠军. 2011. 巢湖夏、秋季浮游植物叶绿素 a 及蓝藻水华影响因素分析[J]. 生物学杂志, 28(2): 54-57.

南京水利科学研究院. 2011a. 江河湖连通改善太湖流域水生态环境作用分析评价[R]. 南京: 南京水利科学研究院.

南京水利科学研究院. 2011b. 调水引流系统风险分析及应急预案[R]. 南京: 南京水利科学研究院.

任学蓉, 张宁惠. 2006. 沙湖水体富营养化限制性因子分析[J]. 宁夏工程技术, 5(3): 288-291.

阮晓红, 石晓丹, 赵振华, 等. 2008. 苏州平原河网区浅水湖泊叶绿素 a 与环境因子的相关关系[J]. 湖泊科学, 20(5): 556-562.

石晓丹. 2010. 长江三角洲典型湖泊硅的赋存规律及其对富营养化的作用机制研究[D]. 南京: 河海大学.

宋晓兰, 刘正文, 潘宏凯, 等. 2007. 太湖梅梁湾与五里湖浮游植物群落比较[J]. 湖泊科学, 19(6): 643-651.

孙春梅, 范亚文. 2009. 黑龙江黑河江段藻类植物群落与环境因子的典型对应分析[J]. 湖泊科学, 21(6): 839-844.

孙凌, 金相灿, 杨威, 等. 2007. 硅酸盐影响浮游藻类群落结构的围隔试验研究[J]. 环境科学, 27(10): 2174-2179.

谭啸, 孔繁翔, 曹焕生, 等. 2006. 利用流式细胞仪研究温度对两种藻竞争的影响[J]. 湖泊科学, 18(4): 419-424.

唐汇娟. 2002. 武汉东湖浮游藻类生态学研究[D]. 武汉: 中国科学院水生生物研究所.

唐全民, 陈峰, 向文洲, 等. 2008. 铵氮对铜绿微囊藻(Microcystis aeroginosa) FACHB905 的生长、生化组成和毒素生产的影响[J]. 暨南大学学报(自然科学版), 29(3): 290-294.

王爱业, 吉雪莹, 陈卫民, 等. 2008. 亚硝态氮对铜绿微囊藻和四尾栅藻生长的影响[J]. 安全与环境学报, 8(4): 12-15.

王崇, 王海瑞, 徐晓菡, 等. 2010. 光照与磷对铜绿微囊藻生长的交互作用[J]. 环境科学与技术, 33(4): 35-38, 48.

王珂. 2006. 不同环境条件下铜绿微囊藻和栅藻竞争能力的比较研究[D]. 南京: 河海大学.

王轲, 王林同, 牛海凤, 等. 2012. 低温下氨氮对淡水浮游藻生长及群落结构影响的生态模拟研究[J]. 环境科学学报, 32(3): 731-738.

王培丽. 2010. 从水动力和营养盐角度探讨汉江硅藻水华发生机制的研究[D]. 武汉: 华中农业大学.

王婷婷, 朱伟, 李林. 2010. 不同温度下水流对铜绿微囊藻生长的影响模拟[J]. 湖泊科学, 22(4): 563-568.

谢丽娟. 2010. 环境因子对太湖两种微囊藻生长及产毒的影响[D]. 无锡: 江南大学.

许冰, 贾爱芳, 赵文献. 2010. 温度对酶活性的影响[J]. 临床合理用药杂志, 3(7): 28.

许海. 2008. 河湖水体浮游植物群落生态特征与富营养化控制因子研究[D]. 南京: 南京农业大学.

许海, 朱广伟, 秦伯强, 等. 2011. 氮磷比对水华蓝藻优势形成的影响[J]. 中国环境科学, 31(10): 1676-1683.

颜润润, 逄勇, 王珂, 等. 2007. 不同培养条件下扰动对两种淡水藻生长的影响[J]. 环境科学与技术, 30(3): 10-12, 115.

杨东方, 高振会, 陈豫, 等. 2002. 硅的生物地球化学过程的研究动态[J]. 海洋科学, 26(3): 39-42.

杨东方, 高振会, 秦洁, 等. 2006a. 地球生态系统的营养盐硅补充机制[J]. 海洋科学进展, 24(4): 568-576.

杨东方, 高振会, 孙培艳, 等. 2006b. 胶州湾水温和营养盐硅限制初级生产力的时空变化[J]. 海洋科学进展, 24(2): 203-212.

杨东方, 高振会, 王培刚, 等. 2006c. 营养盐 Si 和水温影响浮游植物的机制[J]. 海洋环境科学, 25(1): 1-6.

湛敏, 姚建玉, 张云怀, 等. 2010. 光照对三峡库区蓝藻垂直迁移过程的影响模拟[J]. 长江流域资源与环境, 19(11): 1302-1308.

张丽霞, 朱涛, 张雅婷, 等. 2009. 不同光强对铜绿微囊藻生长及叶绿素荧光动力学的影响[J]. 信阳师范学院学报(自然科学版), 22(1): 63-65.

张青田, 王新华, 林超, 等. 2011. 温度和光照对铜绿微囊藻生长的影响[J]. 天津科技大学学报, 26(2): 24-27.

张玮, 林一群, 郭定芳, 等. 2006. 不同氮、磷浓度对铜绿微囊藻生长、光合及产毒的影响[J]. 水生生物学报, 30(3): 318-322.

张毅敏, 张永春, 张龙江, 等. 2007. 湖泊水动力对蓝藻生长的影响[J]. 中国环境科学, 27(5): 707-711.

郑凌凌. 2005. 汉江硅藻水华优势种生理生态学研究[D]. 福州: 福建师范大学.

郑晓宇, 金妍, 任翔宇, 等. 2012. 不同氮磷浓度对铜绿微囊藻生长特性的影响[J]. 华东师范大学学报(自然科学版), (1): 11-18.

Abe K, Imamaki A, Hirano M. 2002. Removal of nitrate, nitrite, ammonium and phosphate ions from water by the aerial microalga *Trentepohlia aurea*[J]. Journal of Applied Phycology, 14(2): 129-134.

Azov Y, Goldman J C. 1982. Free ammonia inhibition of algal photosynthesis in intensive cultures[J]. Applied and Environmental Microbiology, 43(4): 735-739.

Barlow K, Nash D, Grayson R. 2004. Investigating phosphorus interactions with bed sediments in a fluvial environment using a recirculating flume and intact soil cores[J]. Water Research, 38(14-15): 3420-3430.

Bental M, Oren S M, Avron M, et al. 1988. ^{31}P and ^{13}C NMR studies of the phosphorus and carbon metabolites in the halotolerant alga, Dunaliella Salina[J]. Plant Physiology, 87(2): 320-324.

Berman T. 1997. Dissolved organic nitrogen utilization by an *Aphanizomenon* bloom in Lake Kinneret[J]. Journal of Plankton Research, 19(5): 577-586.

Berman T, Béchiemin C, Maestrini S Y. 1999. Release of ammonium and urea from dissolved organic nitrogen in aquatic ecosystems[J]. Auqatic Microbial Ecology, 16(3): 295-302.

Berman T, Chava S. 1999. Algal growth on organic compounds as nitrogen sources[J]. Journal of Plankton Research, 21(8): 1423-1437.

Björkman K M, Karl D M. 2003. Bioavailability of dissolved organic phopsphorus in the euphotic zone at Station ALOHA, North Pacific Subtripical Gyre [J]. Limnology and Oceanography, 48(3): 1049-1057.

Bouvier T, Becquevort S, Lancelot C. 1998. Biomass and feeding activity of phagotrophicmixotrophs in the northwestern Black Sea during the summer 1995[J]. Hydrobiologia, 363(1-3): 289-301.

Chrost R J, Siuda W, Albrecht D, et al. 1986. A method for determining enzymatically hydrolyzable phosphate (EHP) in natural waters[J]. Limnology and Oceanography, 31(3): 662-667.

Crowe A M. 2006. The Role of Silica Depletion in the Eutrophication of Lac la Biche, Alberta[D]. Canada: University of Alberta.

Devercelli M. 2006. Phytoplankton of the Middle Parana River during an anomalous hydrological period: A morphological and functional approach[J]. Hydrobiologia, 563(1): 465-478.

Domingues R B, Sobrino C, Galvão H. 2007. Impact of reservoir filling on phytoplanktonsuccession and cyanobacteria blooms in a temperate estuary[J]. Estuarine, Coastal and Shelf Science, 74(1-2): 31-43.

Dyhrman S T, Chappell P D, Haley S T, et al. 2006. Phosphonate utilization by the globally important marine diazotroph *Trichodesmium*[J]. Nature, 439(7072): 68-71.

Egge J K. 1998. Are diatoms poor competitors at low phosphate concentrations? [J]. Journal of Marine Systems, 16(3-4): 191-198.

Emerson K, Russo R C, Lund R E, et al. 1975. Aqueous ammonia equilibrium calculations: Effect of pH and temperature[J]. Journal of the Fisheries Research Board of Canada, 32(12): 2379-2383.

Garbisu C, Hall D O, Serra J L. 1992. Nitrate and nitrite uptake by free-living and immobilized N-starved cells of *Phormidium laminosum*[J]. Journal of Applied Phycology, 4(2): 139-148.

Gu B, Havens K, Schelske C, et al. 1997. Uptake of dissolved nitrogen by phytoplankton in a eutrophic subtropical lake[J]. Journal of Plankton Research, 19(6): 759-770.

Hartikainen H, Pitkänen M, Kairesalo T, et al. 1996. Co-occurrence and potential chemical competition of phosphorus and silicon in lake sediment[J]. Water Research, 30(10): 2472-2478.

Hill M N. 1963. The Sea[M]. New York: John Wiley.

Hodaifa G, Martínez M E, Órpez R, et al. 2010. Influence of hydrodynamic stress in the growth of *Scenedesmus obliquus* using a culture medium based on olive-mill wastewater[J]. Chemical Engineering and Processing: Process Intensification, 49(11): 1161-1168.

Huisman J, Jonker R R, Zonneveld C, et al. 1999. Competition for light between phytoplankton species: Experimental tests of mechanistic theory[J]. Ecology, 80(1): 211-222.

Humborg C, Ittekkot V, Coclasu A, et al. 1997. Effect of Danube river dam on Black Sea biogeochemistry and ecosystem structure[J]. Nature, 386(6623): 385-388.

Ittekkot V, Unger D, Humborg C, et al. 2006. The Silicon Cycle: Human Perturbations and Impacts on Aquatic Systems[M]. Washington D C: Island Press.

Jassby A D, Powell T M. 1994. Hydrodynamic influences on interannual chlorophyll variability in an estuary: Upper San Francisco Bay-Delta (California, USA) [J]. Estuarine, Coastal and Shelf Science, 39(6): 595-618.

Joel C G, Edward J C. 1974. A kinetic approach to the effect of temperature on algal growth[J]. Limnology and Oceanography, 19(5): 756-766.

Kim H, Hwang S, Shin J, et al. 2007. Effects of limiting nutrients and N:P ratios on the phytoplankton growth in a shallow hypertrophic reservoir[J]. Hydrobiologia, 581(1): 255-267.

Krivtsov V, Bellinger E, Sigee D, et al. 2000. Interrelations between Si and P biogeochemical cycles-A new approach to the solution of the eutrophication problem[J]. Hydrological Processes, 14(2): 283-295.

Lancelot C, Staneva J, Gypens N. 2004. Modelling the response of coastal ecosystem to nutrient change[J]. Oceanis, 28(3-4): 531-556.

Monbet P, McKelvie I D, Worsfold P J. 2009. Dissolved organic phosphorus speciation in the waters of the Tamar estuary (SW England) [J]. Geochimoca et Cosmochimoca Acta, 73(4): 1027-1038.

Peuke D A, Tischner R. 1991. Nitrate uptake and reduction of aseptically cultivated spruce seedlings, *Picea abies* (L.) Karst [J]. Journal of Experimental Botany, 42(6): 723-728.

Poister D, Armstrong D E. 2003. Seasonal sedimentation trends in a mesotrophic lake: Influence of diatoms and implications for phosphorus dynamic[J]. Biogeochemistry, 65(1): 1-13.

Qin B Q, Xu P Z, Wu Q L, et al. 2007. Environmental issues of Lake Taihu, China[J]. Hydrobiologia, 581(1): 3-14.

Ragueneau O, Lancelot C, Egorov V, et al. 2002. Biogeochemical transformations of inorganic nutrients in the mixing zone between the Danube River and the northwestern Black Sea[J]. Estuarine, Coastal and Shelf Science, 54(3): 321-336.

Rocha C L De La, Galvao H, Barbosa A. 2002. Role of transient silicon limitation in the development of cyanobacteria blooms in the Guadiana estuary, south-western Iberia[J]. Marine Ecology Progress Series, 228: 35-45.

Rodrigues M S, Ferreira L S, Converti A, et al. 2010. Fed-batch cultivation of *Arthrospira* (*Spirulina*) platensis: Potassium nitrate and ammonium chloride as simultaneous nitrogen sources[J]. Bioresource Technology, 101(12): 4491-4498.

Schindler D W. 1977. Evolution of phosphorus limitation in lakes[J]. Science, 195(4275): 260-262.

Seitzinger S P, Sanders R. 1997. Contribution of dissolved organic nitrogen from rivers to estuarine eutrophication[J]. Marine Ecology Progress Series, 159: 1-12.

Seitzinger S P, Sanders R. 1999. Atmospheric inputs of dissolved organic nitrogen stimulate estuarine bacteria and phytoplankton[J]. Limnology and Oceanography, 44(3): 721-730.

Sheffer M, Rinaldi S, Gragnani A, et al. 1997. On the dominance of filamentous cyanobacteria in shallow, turbid lakes[J]. Ecology, 78(1): 272-282.

Smith V H. 1983. Low nitrogen to phosphorus ratios favor dominance by blue-green algae in lake phytoplankton[J]. Science, 221(4611): 669-671.

Sommer U. 1985. Comparison between steady and non steady state competition experiments with natural phytoplankton[J]. Limnology and Oceanography, 30(2): 335-346.

Tallberg P, Koski-Vähälä J. 2001. Silicate-induced phosphate release from surface sediment in eutrophic lakes[J]. Archiv für Hydrobiologie, 151(2): 221-245.

Tallberg P, Tréguer P, Beucher C, et al. 2008. Potentially mobile pools of phosphorus and silicon in sediment from the Bay of Brest: Interactions and implications for phosphorus dynamics[J]. Estuarine, Coastal and Shelf Science, 76(1): 85-94.

Tam N F Y, Wong Y S. 1996. Effect of ammonia concentrations on growth of *Chlorella vulgaris* and nitrogen removal from media[J]. Bioresource Technology, 57(1): 45-50.

Thomann R V, Mueller J A. 1987. Principle of Surface Water Quality Modeling and Control[M]. New York: Harper and Row.

Trimbee A M, Prepas E E. 1987. Evaluation of total phosphorus as a predictor of the relative biomass of blue-green algae with emphasis on Alberta lakes[J]. Canadian Journal of Fisheries and Aquatic Sciences, 44(7): 1337-1442.

Turner R E, Qureshi N, Rabalais N N, et al. 1998. Fluctuating silicate: Nitrate ratios and coastal plankton food webs[C]. Proceedings of the National Academy of Science, USA.

Wang C, Zhang S H, Wang P F, et al. 2008. Metabolic adaptations to ammonia-induced oxidative stress in leaves of the submerged macrophyte *Vallisneria natans* (Lour.) Hara[J]. Aquatic Toxicology, 87(2): 88-98.

Wee N L J, Tng Y Y M, Cheng H T, et al. 2007. Ammonia toxicity and tolerance in the brain of the African sharptooth catfish, *Clarias gariepinus*[J]. Aquatic Toxicology, 82(3): 204-213.

Wicks B J, Joensen R, Tang Q, et al. 2002. Swimming and ammonia toxicity in salmonids: The effect of sublethal ammonia exposure on the swimming performance of coho salmon and the acute toxicity of ammonia in swimming and resting rainbow trout[J]. Aquatic Toxicology, 59(1-2): 55-69.

Wicks B J, Randall D J. 2002. The effect of feeding and fasting on ammonia toxicity in juvenile rainbow trout, Oncorhynchus mykiss[J]. Aquatic Toxicology, 59(1-2): 71-82.

Xenopoulos M A, Forst P C, Elesr J J. 2002. Joint effects of UV radiation and and phosphorus supply on algal growth rate and elemental composition[J]. Ecology, 83(2): 423-435.

Xie L, Li S, Tang H, et al. 2003. The low TN:TP ratio, a cause or a result of *Microcystis* blooms? [J]. Water Research, 37(9): 2073-2080.

Yang S L, Wang J, Wei C, et al. 2004. Utilization of nitrite as a nitrogen source by *Botryococcus braunii*[J]. Biotechnology Letters, 26(3): 239-243.

Ye C, Shen Z M, Zhang T, et al. 2011. Long-term joint effect of nutrients and temperature increase on algal growth in Lake Taihu, China[J]. Journal of Environmental Sciences, 23(2): 222-227.

Yuan X, Kumar A, Sahu A K, et al. 2010. Impact of ammonia concentration on *Spirulina platensis* growth in an airlift photobioreactor[J]. Bioresource Technology, 102(3): 3234-3239.

第4章 太湖流域调水工程影响区水质分布特征

太湖流域北依长江,流域内发达的水系不仅可以将多余的水量北排长江,也可以将长江丰沛的水量引入,用于区域水环境质量改善(廖文根等,2001;李大勇等,2004;黄娟等,2006;马巍等,2007;顾建忠等,2011;李娟等,2017;陆一维等,2019;刘国庆等,2019;柳杨等,2019;廖轶鹏等,2019)。2002年,太湖流域管理局组织开展了"引江济太"调水试验,将防洪调度和水资源调度、水量调度和水质调度有机结合,以充分保障流域防洪安全、供水安全和水生态环境安全。实践表明,"引江济太"调水维持了太湖枯水季节的水位,加快了太湖水体的置换,提高了河流及湖泊的稀释和自净能力(姜宇和蔡晓钰,2011;郝文彬等,2012;匡翠萍等,2011;Hu et al.,2008;Hu et al.,2010;Li et al.,2011;Zhai et al.,2010),对太湖流域水环境的改善具有重要意义。

目前,利用水利工程调控流域内水体的连通状况已成为改善太湖流域水生态环境的重要途径之一。经过多年建设,流域和区域防洪与水资源调控工程体系已基本形成,具备了通过加强调水引流改善水生态环境的工程条件。但是,与此同时,流域内水体污染严重,水环境质量较差(陆勤,1999,2004;张刚等,2006;张文佳,2009;赵小兰和薛峰,2008;黄娟,2006;胡尧文,2010)。在深入开展工程调控研究之前,有必要对太湖流域调水工程潜在影响区的水质分布特征进行分析。

本章在流域现有水系连通工程体系的基础上,对不同片区水系的水质现状进行监测资料收集和现场调查,分析水质时空分布特征,进一步探讨望虞河引水工程对湖区营养盐变化的影响,为开展后续实验研究提供支撑。

4.1 太湖流域水系沿革

根据水利部太湖流域管理局的资料,五六千年前,太湖地区仍为湖陆相间的低洼平原。受周围地势不断下沉和沿海泥沙堆积的影响,太湖平原逐渐向碟形洼地发展,最终成为大型湖泊,即先秦地理著作记载的震泽(具区)。这种湖区下沉、湖面扩大的趋势直至宋代仍未结束。宋人郏亶在《水利书》中明确记载,苏州一带湖荡水下有"古之民家阶甃之遗址"。单锷亦说:"昔为民田,今为太湖","太湖宽度,逾于昔时"。明清时期曾在太湖平原中部地下发现宋代以前的遗址和文物。

战国以前,太湖的湖水主要由松江、娄江、东江三江分流入海。《禹贡》记载的"三江既入,震泽底定",描述的就是太湖流域几条主要泄水通道的整治过程。

松江（今吴淞江）、娄江（今浏河）的流路与现在大致相同，东江则经如今的澄湖、白蚬湖向东南入海。但是，随着太湖周围地区的不断下沉和沿海边缘因泥沙堆积而抬高，太湖周围形成碟形洼地，向东排水发生困难，导致"欲东导于海者反西流，欲北导于江者反南下"。海潮倒灌至苏州城东一二十华里处，从而促使三江水系淤浅，积水在太湖平原上潴蓄成大小零星的湖沼。

春秋时吴国名将伍子胥率众开挖了以其名字命名的胥江。胥江的开挖，便利了水运，造福了一方。唐代以前，太湖湖尾与吴淞江江首浑然一体，是一片广阔的水域。江南运河纵贯南北，苏州、吴江、平望之间的往来交通全部依托船运。

与太湖平原进一步湖沼化同时进行并互为因果的是三江的逐步堙废。公元 5 世纪时松江下游已"壅噎不利"，排水不畅。约在 8 世纪时东江、娄江相继堙废。9 世纪开始，为排泄壅积在松江上游的积潦，先后在太湖以东开浚了众多塘浦，重要的有荻塘（今吴兴运河）、元和塘（今常熟塘）、昆山塘（又名至和塘，今浏河）等，形成了"五里为一纵浦、七里为一横塘"的水网系统。但至北宋初年又多淤浅，苏（州）、常（州）、湖（州）三州连年遭受水灾。11 世纪中叶，先后对吴淞江进行了几次整治，主要是裁弯取直，水流有所畅通。但自 1042 年、1048 年在苏州、平望间修了吴江长堤和吴江石桥后，吴淞江水流受阻，水势转向东北，迤逦流入昆山塘，经不断冲刷，至 13 世纪末终于形成了现的浏河。1403 年夏原吉"掣淞入浏"使得浏河水势更盛，成为太湖通海大道，而吴淞江则自"夏驾浦至上海县南跄浦口一百三十余里，潮汐壅障，菱芦丛生，已成平陆"。同时夏原吉又疏浚上海范家浜（即今黄浦江外白渡桥至复兴岛段），上接黄浦引淀泖之水入海，形成今日黄浦江。明代多次开浚吴淞江、浏河、白泖港，但均时浚时塞，河道窄狭。至嘉靖年间，黄浦江逐渐开阔，最终成为太湖下游最大的泄水道，吴淞江成为其支流。清初亦曾多次疏浚吴淞江。乾隆二十八年（1763 年）开凿黄渡越河后，吴淞江全同今道，但因受潮汐影响，旋浚旋淤，又疏浚了白茆、七浦、茜泾、浏河各河道，同时分泄太湖下游的积水，但均不能与黄浦江的作用相提并论。

从 20 世纪 50 年代后期开始，太湖流域在治水思路上贯彻蓄泄兼筹的方针，针对流域洪水的来源，在流域上游、中游主要兴建水库并利用天然湖泊蓄洪；下游主要开挖人工河道、疏浚天然河道，以增加泄洪排涝能力，减少洪涝灾害。太湖洪水，南路来自天目山的东、西苕溪，此路洪水 70%进入太湖，30%流入吴兴、吴江、嘉兴平原；西路来自茅山冈坡地及湖西平原，此路水绝大部分进入太湖，少量由北段运河转向东流或向北注入长江。太湖南北两侧平原地区的积水，也有部分进入太湖。据原长江流域规划办公室 1980 年 4 月编制的《太湖流域综合规划报告》，1954 年 5～7 月，太湖上游产生洪水 116 亿 m³，其中 85 亿 m³进入太湖，亦即太湖上游洪水总量的 73%由太湖承转下泄，防洪压力增加。

受泥沙淤积和人工开发利用影响，太湖的进出河道数量显著减少。明朝时期，太湖东部从吴淞口至梁溪口之间共有 140 条出湖河道，西部有入湖河道 180 条。到 20 世纪 60 年代，出入湖河道还剩 240 条，80 年代为 219 条，至 90 年代，仅剩下 97 条出入湖河道，虽然近年来河道数量有所回升，但是出湖河道数量仅剩下 17 条，湖水在湖盆内的滞留时间延长，水质恶化加剧（秦伯强等，2004）。

4.2　太湖流域调水工程影响区水质分布特征调查

4.2.1　调查点位布设

依据流域水量交换主要通道分布情况，确定本书的调研区域为湖西区、望虞河沿线、浦西区、杭嘉湖区，共设 72 个调研点位，位置如图 4.1 所示。其中，湖西区分为滆湖上游区和滆湖下游区（包括滆湖）及湖西口门区，杭嘉湖区分为南部口门区和嘉兴区。

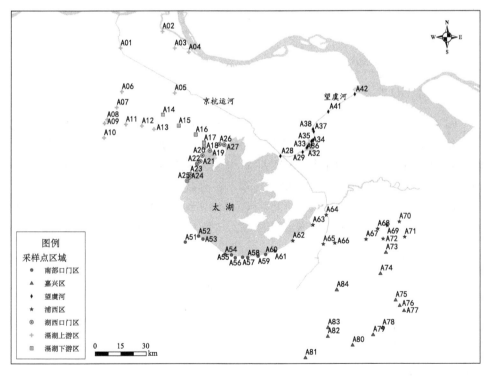

图 4.1　太湖流域调水工程影响区水质调查采样点位置分布

4.2.2　样品采集

于 2011 年 1 月、2011 年 7 月、2011 年 12 月、2012 年 7 月、2013 年 1 月对

设置的采样点进行了冬、夏季样品采集。水质样品采用卡盖式采水器在水面下0.5m 处采集。采集的水样密封在聚乙烯瓶中，并用车载冷藏箱进行低温保存。

4.2.3　指标分析与数据处理方法

水样采集过程中，现场测定样品的水温、DO（美国 HACH 便携式溶氧测定仪）和 pH（梅特勒-托利多便携式 pH 计）。

室内指标根据标准方法分析：TN 采用碱性过硫酸钾消解紫外分光光度法；NH_4^+-N 采用纳氏试剂分光光度法；NO_3^--N 采用紫外分光光度法；NO_2^--N 采用 N-（1-萘基）-乙二胺分光光度法；TP 和溶解性总磷（DTP）采用过硫酸钾消解-钼锑抗分光光度法；正磷酸盐（PO_4^{3-}-P）采用钼锑抗分光光度法；颗粒态磷（PP）为 TP 和 DTP 的差值；COD_{Mn} 采用酸性高锰酸盐滴定法；Chl-a 采用分光光度法。

数据处理过程中，指标浓度低于方法检出限时，以 0 参与计算。

4.3　结果与讨论

4.3.1　水体理化指标分布特征

1. 水体 DO 的分布特征

图 4.2 为本书调研区域内 DO 的时空分布特征。结果表明，DO 在区域内整体上呈冬季高、夏季低的特点，以滆湖上游区、滆湖下游区和浦西区最为明显。冬季，各分区 DO 含量大小的排序为浦西区>望虞河沿线>南部口门区>滆湖上游区>湖西口门区>滆湖下游区>嘉兴区域；夏季，各分区 DO 含量大小排序为望虞河沿线>湖西口门区>南部口门区>滆湖上游区>滆湖下游区>浦西区>嘉兴区域。由此可见，嘉兴区域的 DO 在冬、夏两季均最低，可能与区域内的水质污染有关。

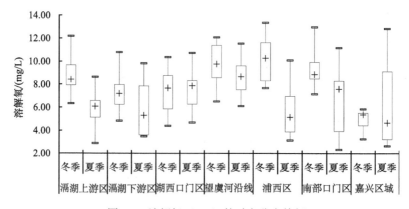

图 4.2　溶解氧（DO）的时空分布特征

结果还表明，涌湖上游区的 DO 较涌湖下游区高，南部口门区的 DO 较嘉兴区域高，说明主要来水区的 DO 随着采样点与太湖距离的减小而降低，而排水区的 DO 随着采样点与太湖距离的增加而降低。DO 在各个分区中均呈现不同程度的空间分布差异，且这一差异随季节变化呈不同的规律，除嘉兴区域外，其他分区 DO 冬、夏两季的空间变化程度较一致，而嘉兴区域冬季 DO 的空间差异小，夏季 DO 的空间差异最为明显，最大值为 12.84mg/L，最小值仅为 2.65mg/L。

2. 水体 pH 的分布特征

调研区域内 pH 的时空分布特征如图 4.3 所示，分析可知，涌湖下游区、湖西口门区、望虞河沿线及嘉兴区域点位的 pH 呈夏季高、冬季低的特点，而涌湖上游区、浦西区及南部口门区 pH 的季节差异不明显。冬季，各分区 pH 大小的排序为南部口门区>涌湖上游区>望虞河沿线>浦西区>涌湖下游区>湖西口门区>嘉兴区域；夏季，各分区 pH 大小的排序为望虞河沿线>湖西口门区>南部口门区>涌湖下游区>涌湖上游区>嘉兴区域>浦西区。

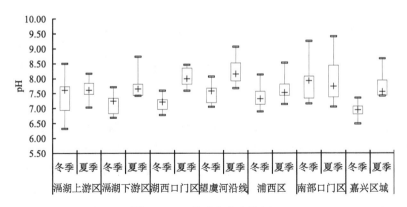

图 4.3　pH 的时空分布特征

结果还表明，涌湖上游区 pH 冬季的空间变化较夏季大，南部口门区 pH 的空间变化最大。南部口门区 pH 的最大值在冬、夏两季均出现超过现行地表水质标准的限值，冬季的最大值为 9.24，夏季的最大值为 9.41。夏季望虞河沿线 pH 的最大值为 9.07，也超出了相应的限值。

4.3.2　水体营养盐分布特征

1. 水体不同形态氮的分布特性

调研区域内 TN 的时空分布特征如图 4.4 所示。分析可知，区域内的 TN 整体上呈冬季高、夏季低的特征，尤其是涌湖下游区、湖西口门区和嘉兴区域。望虞河沿线 TN 的季节变化不明显，表现为夏季的 TN 稍高于冬季。冬季，各分区 TN 含量的大小排序为嘉兴区域>漏湖下游区>湖西口门区>浦西区>漏湖上游区>望虞河沿线>南部口门区；夏季，各分区 TN 含量的大小排序为湖西口门区>嘉兴区域>望虞河沿线>漏湖下游区>漏湖上游区>浦西区>南部口门区。由此可见，嘉兴区域、漏湖下游区及湖西口门区冬、夏季 TN 的含量均较高。嘉兴区域 TN 冬季的中值为 6.80mg/L，夏季的中值为 3.54mg/L；漏湖下游区 TN 冬季的中值为 6.40mg/L，夏季的中值为 3.21mg/L；湖西口门区 TN 冬季的中值为 5.77mg/L，夏季的中值为 3.67mg/L。

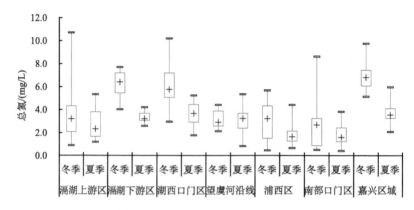

图 4.4　总氮（TN）的时空分布特征

就同时期而言，漏湖下游区的 TN 整体上高于漏湖上游区，嘉兴区域的 TN 高于南部口门区，湖西口门区的 TN 高于浦西区。作为太湖的主要来水区，漏湖下游区和湖西口门区较高的 TN 浓度对于维持太湖的水质和生态健康非常不利。各分区中，漏湖上游区、湖西口门区和南部口门区冬季 TN 的空间分布较不均匀，以漏湖上游区的变化最大，最大值为 10.70mg/L，最小值为 0.88mg/L。

调研区域内 NH_4^+-N 的时空分布特征如图 4.5 所示。分析表明，与区域内 TN 的季节变化相似，区域内的 NH_4^+-N 也整体上呈冬季高、夏季低的特征，尤其是漏湖下游区、湖西口门区和嘉兴区域。与 TN 的季节变化不同，望虞河沿线 NH_4^+-N 与其他分区一样，也表现为冬季高、夏季低的特征。南部口门区 NH_4^+-N 的季节变化不明显，但是冬季 NH_4^+-N 的空间变化较夏季大。冬季，各分区 NH_4^+-N 含量的大小排序为嘉兴区域>漏湖下游区>湖西口门区>漏湖上游区>浦西区>望虞河沿线>南部口门区；夏季，各分区 NH_4^+-N 含量的大小排序为嘉兴区域>湖西口门区>漏湖下游区>漏湖上游区>望虞河沿线>浦西区>南部口门区。由此可见，嘉兴区域冬、夏两季 NH_4^+-N 的含量均最高，NH_4^+-N 冬季的中值为 3.00mg/L，夏季的中值为 1.94mg/L。漏湖下游区和湖西口门区冬、夏两季的 NH_4^+-N 含量也很高。漏湖

下游区 NH_4^+-N 冬季的中值为 2.94mg/L，夏季的中值为 1.03mg/L；湖西口门区 NH_4^+-N 冬季的中值为 2.49mg/L，夏季的中值为 1.39mg/L。

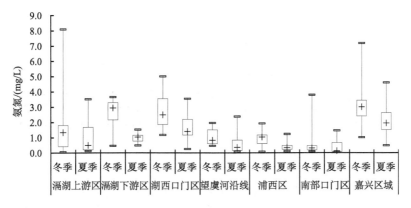

图 4.5　氨氮（NH_4^+-N）的时空分布特征

　　就同时期而言，滆湖下游区的 NH_4^+-N 整体上高于滆湖上游区，尤其是冬季；嘉兴区域的 NH_4^+-N 高于南部口门区，湖西口门区的 NH_4^+-N 高于浦西区。作为浮游藻类优先利用的无机氮之一（Rodrigues et al.，2010），滆湖下游区和湖西口门区较高的 NH_4^+-N，且处于适宜的浓度区间（张玮等，2006），有利于湖区藻类的生长，从而加大了控制蓝藻水华发生的难度。整体而言，调研区域内冬季 NH_4^+-N 的空间变化较夏季大。对于滆湖上游区，冬季 NH_4^+-N 的最大值为 8.10mg/L，最小值为 0.06mg/L，是 NH_4^+-N 空间变化最大的分区。

　　与区域内 TN 的季节变化相似，调研区域内冬季的 NO_3^--N 含量整体上高于夏季（图 4.6），望虞河沿线和南部口门区的这种季节差异不明显。就同时期而言，滆湖下游区的 NO_3^--N 整体上高于滆湖上游区，湖西口门区高于浦西区；冬季嘉兴区域的 NO_3^--N 较南部口门区高，而这一差异在夏季不明显。冬季，各分区 NO_3^--N 含量的大小排序为滆湖下游区>湖西口门区=望虞河沿线>滆湖上游区>嘉兴区域>南部口门区>浦西区；夏季，各分区 NO_3^--N 含量的大小排序为滆湖下游区>望虞河沿线>湖西口门区>滆湖上游区>南部口门区>嘉兴区域>浦西区。由此可见，滆湖下游区、湖西口门区及望虞河沿线冬、夏两季 NO_3^--N 的含量均较高。滆湖下游区 NO_3^--N 冬季的中值为 1.76mg/L，夏季的中值为 1.38mg/L；湖西口门区 NO_3^--N 冬季的中值为 1.33mg/L，夏季的中值为 1.14mg/L；望虞河沿线 NO_3^--N 冬季的中值为 1.33mg/L，夏季的中值为 1.24mg/L。此外，滆湖上游区 NO_3^--N 冬、夏两季的中值也较高，分别为 1.24mg/L 和 1.01mg/L。

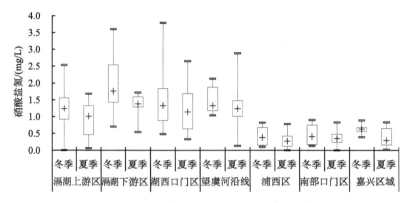

图 4.6　硝酸盐氮（NO₃⁻-N）的时空分布特征

　　从分区看，滆湖上游区、滆湖下游区、湖西口门区和望虞河沿线 NO₃⁻-N 的空间变化明显高于浦西区、南部口门区和嘉兴区域。望虞河沿线的 NO₃⁻-N 表现为夏季的空间变化大于冬季，最大值为 2.88mg/L，最小值为 0.13mg/L；其他三个分区则表现为冬季 NO₃⁻-N 的空间变化大于夏季，以湖西口门区冬季的变化最大，NO₃⁻-N 的最大值为 3.79mg/L，最小值为 0.48mg/L。

　　调研区域内 NO₂⁻-N 的分布特征（图 4.7）显示，滆湖上游区、滆湖下游区、湖西口门区和望虞河沿线冬季的 NO₂⁻-N 高于夏季，浦西区和南部口门区 NO₂⁻-N 的季节变化不明显，嘉兴区域则表现为夏季 NO₂⁻-N 的浓度较高。冬季，各分区 NO₂⁻-N 含量的大小排序为湖西口门区（中值 0.60mg/L）≈滆湖下游区（中值 0.59mg/L）≈滆湖上游区（中值 0.57mg/L）＞望虞河沿线（中值 0.23mg/L）＞南部口门区（中值 0.09mg/L）＞嘉兴区域（中值 0.04mg/L）≈浦西区（中值 0.03mg/L）；夏季，各分区 NO₂⁻-N 含量的大小排序为滆湖下游区（中值 0.14mg/L）＞嘉兴区域（中值 0.10mg/L）≈湖西口门区（中值 0.09mg/L）＞浦西区=南部口门区（中值

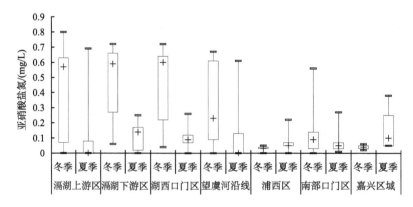

图 4.7　亚硝酸盐氮（NO₂⁻-N）的时空分布特征

0.05mg/L）>漷湖上游区=望虞河沿线（中值 0.00mg/L）。由此可见，漷湖下游区冬、夏两季 NO$_2^-$-N 的含量均较高。夏季，漷湖上游区和望虞河沿线大部分点位的 NO$_2^-$-N 均低于检出限，尤其是 2012 年夏季，漷湖上游区各点位的 NO$_2^-$-N 均未检出。

从分区看，漷湖上游区、漷湖下游区、湖西口门区和望虞河沿线 NO$_2^-$-N 的空间变化明显高于浦西区和嘉兴区域。漷湖上游区和望虞河沿线的 NO$_2^-$-N 在冬、夏两季均表现出较大的空间差异，而漷湖下游区、湖西口门区和南部口门区冬季 NO$_2^-$-N 的空间变化明显大于夏季，浦西区和嘉兴区域则表现为夏季 NO$_2^-$-N 的空间变化大于冬季。

2. 水体不同形态磷的分布特征

调研区域内 TP 的时空变化特征如图 4.8 所示。结果表明，调研区内 TP 的最高值出现在冬季的漷湖上游区，为 1.200mg/L，最低值出现在夏季的浦西区，为 0.021mg/L。冬季，各分区 TP 含量的大小排序为漷湖下游区>嘉兴区域>湖西口门区>漷湖上游区>望虞河沿线>南部口门区>浦西区；夏季，各分区 TP 含量的大小排序为嘉兴区域>漷湖下游区>湖西口门区>漷湖上游区>望虞河沿线>浦西区>南部口门区。由此可见，漷湖下游区、嘉兴区域及湖西口门区冬、夏两季 TP 的含量均较高。漷湖下游区 TP 冬季的中值为 0.234mg/L，夏季的中值为 0.209mg/L；湖西口门区 TP 冬季的中值为 0.176mg/L，夏季的中值为 0.169mg/L；嘉兴区域夏季 TP 的浓度最高，其中值为 0.288mg/L，冬季 TP 的中值为 0.223mg/L。南部口门区和浦西区是区域内 TP 含量较低的两个分区。南部口门区 TP 冬季的中值为 0.101mg/L，夏季的中值为 0.040mg/L；浦西区 TP 冬季的中值为 0.074mg/L，夏季的中值为 0.049mg/L。

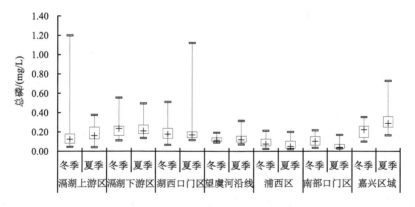

图 4.8　总磷（TP）的时空分布特征

　　结果还表明，虽然区域内冬季 TP 的最大值出现在滆湖上游区，夏季 TP 的最大值出现在湖西口门区，但是整体上这两个区域 TP 的空间变化还是较小的，滆湖上游区冬季 75%的监测数据落在 0.045～0.178mg/L 的范围内，湖西口门区夏季75%的监测数据落在 0.116～0.202mg/L 的范围内。

　　调研区域内 DTP 的时空分布特征（图4.9）显示，与 TP 的最大值分布相似，调研区内 DTP 的最高值出现在冬季的滆湖上游区，为 0.785mg/L，最低值出现在夏季的南部口门区和浦西区，中值分别为 0.012mg/L 和 0.013mg/L。

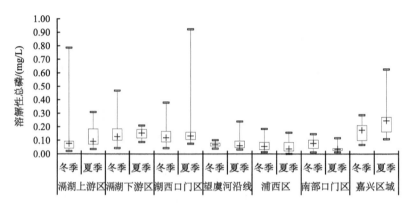

图4.9　溶解性总磷（DTP）的时空分布特征

　　冬季，各分区 DTP 含量的大小排序为嘉兴区域>滆湖下游区>湖西口门区>南部口门区（中值 0.078mg/L）≈滆湖上游区（中值 0.076mg/L）>望虞河沿线>浦西区；夏季，各分区 TP 含量的大小排序为嘉兴区域>滆湖下游区>湖西口门区>滆湖上游区>望虞河沿线>浦西区>南部口门区。由此可见，与 TP 的分布特征相似，滆湖下游区、嘉兴区域及湖西口门区冬、夏两季 DTP 的含量均较高。滆湖下游区DTP 冬季的中值为 0.127mg/L，夏季的中值为 0.154mg/L；湖西口门区 DTP 冬季的中值为 0.119mg/L，夏季的中值为 0.132mg/L；嘉兴区域区 DTP 冬季的中值为0.175mg/L，夏季的中值为 0.245mg/L。

　　结果同样表明，虽然区域内冬季 DTP 的最大值出现在滆湖上游区，夏季 DTP的最大值出现在湖西口门区，但是整体上这两个区域 DTP 的空间变化是较小的，滆湖上游区冬季 75%的监测数据落在 0.021～0.092mg/L 的范围内，湖西口门区夏季 75%的监测数据落在 0.075～0.160mg/L 的范围内。

　　调研区域内 PO_4^{3-}-P 的时空分布特征（图 4.10）显示，嘉兴区域冬、夏两季PO_4^{3-}-P 的浓度均处于较高水平，冬季的中值为 0.147mg/L，夏季的中值为0.193mg/L，夏季的 PO_4^{3-}-P 含量高于冬季。与 TP 和 DTP 的最大值分布相似，调研区内 PO_4^{3-}-P 冬季的最高值出现在滆湖上游区，为 0.779mg/L，夏季最高值出现在湖西口门区，为 0.865mg/L，冬、夏两季的最低值均低于检出限。

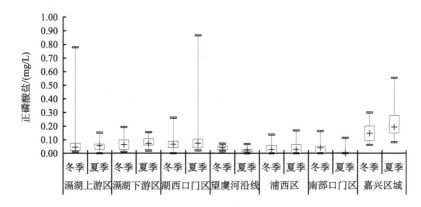

图 4.10　正磷酸盐（PO_4^{3-}-P）的时空分布特征

冬季，各分区 PO_4^{3-}-P 含量的大小排序为嘉兴区域>湖西口门区>滆湖下游区>滆湖上游区>望虞河沿线>南部口门区>浦西区；夏季，各分区 PO_4^{3-}-P 含量的大小排序为嘉兴区域>滆湖下游区（中值 0.074mg/L）≈湖西口门区（中值 0.073mg/L）>滆湖上游区>浦西区>望虞河沿线>南部口门区（中值 0.000mg/L）。

与 TP 和 DTP 的结果一样，虽然区域内冬季 PO_4^{3-}-P 的最大值出现在滆湖上游区，夏季 PO_4^{3-}-P 的最大值出现在湖西口门区，但是整体上这两个区域 PO_4^{3-}-P 的空间变化是较小的，滆湖上游区冬季 75%的监测数据落在 0.010～0.075mg/L 的范围内，湖西口门区夏季 75%的监测数据落在 0.020～0.105mg/L 的范围内。

不同形态磷的时空分布特征显示，TP、DTP 和 PO_4^{3-}-P 三种磷形态的分布特征非常相似，这一结果可能与区域内 TP 的组成特征有关。图 4.11 显示，无论是

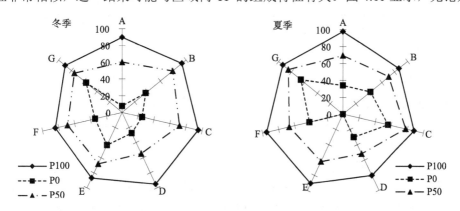

图 4.11　冬、夏两季 DTP 占 TP 比例的分布

A～G 分别代表滆湖上游区、滆湖下游区、湖西口门区、望虞河沿线、浦西区、南部口门区和嘉兴区域；P100 表示 100%分位数；P50 表示 50%分位数；P0 表示 0%分位数

冬季还是夏季，DTP 在 TP 中所占的比例均较大（冬季有且仅有一个点位的一次 DTP 所占比例小于 10%，夏季有且仅有一个点位的一次 DTP 小于检出限）。相关性分析（表 4.1）也表明，区域内 DTP 与 TP、DTP 与 PO_4^{3-}-P 之间整体上存在显著的相关性，从而造成 DTP、TP 和 PO_4^{3-}-P 三者的分布特征相似。

表 4.1　调研区域内冬、夏两季 TP、DTP、PO_4^{3-}-P 的相关性分析

R^2	DTP 与 TP		PO_4^{3-}-P 与 DTP	
	冬季	夏季	冬季	夏季
滆湖上游区	0.8172**	0.8643**	0.9901**	0.5799**
滆湖下游区	0.8595**	0.4391*	0.1159	0.7413**
湖西口门区	0.8291**	0.9868**	0.4660**	0.8877**
望虞河沿线	0.0102	0.7990**	0.6305**	0.3734**
浦西区	0.9305**	0.8032**	0.6268**	0.8748**
南部口门区	0.8653**	0.9377**	0.0018	0.6580**
嘉兴区域	0.8961**	0.9815**	0.7739**	0.7490**

**表示在 0.01 水平上显著，*表示在 0.05 水平上显著

区域内水体的氮、磷分布特征显示，作为太湖西北部湖区的主要来水区，望虞河沿线营养盐的浓度低于湖西口门区，尤其是普遍认为的藻类生长可以直接利用的 NH_4^+-N 和 PO_4^{3-}-P（Rodrigues et al.，2010；Chrost et al.，1986；Dyhrman et al.，2006），因而通过望虞河引水比加大湖西区来水更有利于湖区水质的改善。望虞河沿线水体 DO 的夏季浓度最高，有利于通过望虞河引水提升水体的自净能力。望虞河沿线氮、磷形态变化分析表明，望虞河沿线 NO_3^--N 和 NO_2^--N 的变化相对较小，NH_4^+-N 的变化较大，TP 和 DTP 的变化较大，PO_4^{3-}-P 的变化较小。因此在研究营养盐影响太湖藻类生长的过程中需要关注氮、磷形态变化的潜在影响。

3. 水体 N/P 的分布特征

经过大量学者的研究总结，N/P 已经成为评价水体营养结构的重要指标（Kim et al.，2007；Schindler，1977；Smith，1983；许海等，2011）。在影响生态系统演进的过程中，氮、磷通常呈现一定的耦合效应，所以 N/P 有时候成为解析水质富营养化风险的重要手段。

图 4.12 为调研区域内水体 N/P 的时空分布特征。结果表明，冬季，各分区 N/P 的大小排序为湖西口门区>浦西区>滆湖下游区>嘉兴区域>南部口门区>望虞河沿线>滆湖上游区；夏季，各分区 N/P 的大小排序为南部口门区>浦西区>望虞河沿线>湖西口门区>滆湖下游区>滆湖上游区>嘉兴区域。

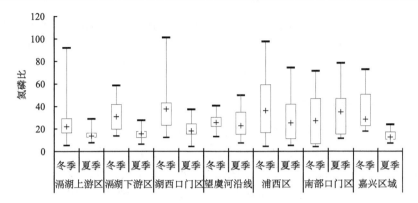

图 4.12　氮磷比（N/P）的时空分布特征

研究表明，当 N/P<7～10 时，藻类的生长主要受氮的限制；当 N/P>22.6～30 时，藻类的生长主要受磷的限制（聂泽宇等，2012）。夏季是太湖蓝藻暴发较为严重的季节，分析夏季各分区 N/P 的变化范围发现，若以<7 和>30 作为区别水体氮、磷限制的阈值，调研区域内除南部口门区表现为磷限制外（中值 35.0），其他分区均表现为适合藻类生长的氮、磷特征，N/P 的中值在 12.5～25.2。冬季 N/P 的结果还表明，区域内的水体在冬季有向磷限制转变的趋势，N/P 的中值在 22.0～37.6，以湖西口门区和嘉兴区域的变化最为明显。

4.3.3　水体 COD_{Mn} 分布特征

图 4.13 为调研区域内 COD_{Mn} 的分布特征。结果显示，望虞河沿线和嘉兴区域点位夏季的 COD_{Mn} 较冬季的高，其他分区 COD_{Mn} 的季节变化不明显。就同时期而言，漕湖下游区的 COD_{Mn} 高于漕湖上游区，嘉兴区域的 COD_{Mn} 高于南部口门区，湖西口门区的 COD_{Mn} 高于浦西区。

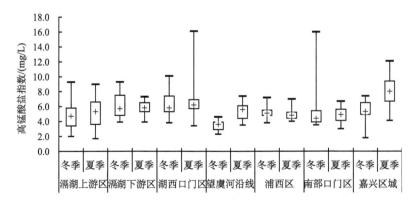

图 4.13　高锰酸盐指数（COD_{Mn}）的时空分布特征

结果还显示,虽然 COD_{Mn} 夏季的最大值出现在湖西口门区,冬季的最大值出现在南部口门区,但整体上这两个区域 COD_{Mn} 的空间变化分布差异不大,COD_{Mn} 空间分布较不均匀的区域主要是漏湖上游区和夏季的嘉兴区域。

4.3.4　水体叶绿素 a 分布特征

调研区域内 Chl-a 的分布特征(图 4.14)显示,望虞河沿线夏季的 Chl-a 最高,且空间变化也较大,其中值为 23.635μg/L,最大值达到 57.150μg/L,最小值为 6.349μg/L。漏湖上游区和湖西口门区冬季 Chl-a 的空间变化较夏季大,漏湖下游区和嘉兴区域则表现为夏季 Chl-a 的空间变化较大,浦西区和南部口门区 Chl-a 冬、夏两季的空间变化均不大。冬季,各分区 Chl-a 的大小排序为漏湖上游区>漏湖下游区>望虞河沿线>湖西口门区>南部口门区>浦西区>嘉兴区域;夏季,各分区 Chl-a 的大小排序为望虞河沿线>漏湖下游区>湖西口门区>漏湖上游区>嘉兴区域>浦西区>南部口门区。由此可见,太湖西北部分区(漏湖上游区、漏湖下游区、湖西口门区和望虞河沿线)的 Chl-a 比太湖东南部分区(浦西区、南部口门区和嘉兴区域)的 Chl-a 高。

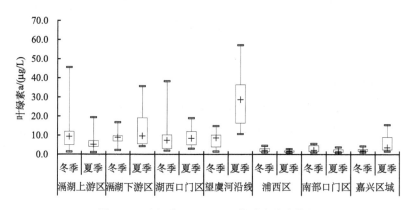

图 4.14　叶绿素 a(Chl-a)的时空分布特征

同时期内,漏湖下游区夏季的 Chl-a 浓度高于漏湖上游区,冬季的差异不明显,湖西口门区的 Chl-a 浓度常年高于浦西区,南部口门区和嘉兴区域 Chl-a 浓度的差异常年均不明显。

4.4　结　　论

本章在太湖流域内现有水系连通工程的基础上,结合流域内调水引流工程的潜在影响,对不同片区水系的水质现状进行了现场调查,分析了水质的时空分布特征，初步得到以下结论。

（1）调研区域内的 DO 整体上呈冬季高、夏季低的特点。受水质污染影响，嘉兴区域的 DO 冬、夏两季均最低。太湖主要来水区的 DO 随采样点与太湖距离的减小而降低，而排水区的 DO 随采样点与太湖距离的增加而降低。

（2）调研区域内 pH 在漕湖下游区、湖西口门区、望虞河沿线及嘉兴区域呈夏季高、冬季低的特点，而在漕湖上游区、浦西区及南部口门区的季节差异不明显。太湖南部口门区 pH 的最大值在冬、夏两季均出现超过现行地表水质标准的限值，夏季望虞河沿线 pH 的最大值也存在轻微超标问题。

（3）调研区域内的 TN 整体上呈冬季高、夏季低的特征，尤其是漕湖下游区、湖西口门区和嘉兴区域。望虞河沿线 TN 较稳定，表现为夏季的 TN 稍高于冬季。作为太湖的主要来水区，漕湖下游区和湖西口门区较高的 TN 浓度对于维持太湖的水质和生态健康非常不利。本书调研区域内 NH_4^+-N、NO_3^--N 的变化特征与 TN 的季节变化相似，而调研区域内的 NO_2^--N 则表现为漕湖上游区、漕湖下游区、湖西口门区和望虞河沿线冬季的 NO_2^--N 高于夏季，浦西区和南部口门区 NO_2^--N 的季节变化不明显，嘉兴区域则表现为夏季 NO_2^--N 的浓度较高。

（4）调研区域内 TP 的最高值出现在冬季的漕湖上游区，最低值出现在夏季的浦西区。漕湖下游区、嘉兴区域及湖西口门区冬、夏两季 TP 的含量均较高。TP、DTP 和 PO_4^{3-}-P 之间存在显著的相关性，三者的分布特征非常相似。

（5）作为太湖西北部湖区的主要来水区，望虞河沿线营养盐的浓度低于湖西口门区，尤其是普遍认为的藻类生长可以直接利用的 NH_4^+-N 和 PO_4^{3-}-P；同时，望虞河沿线水体较高的 DO 含量有利于通过望虞河引水提升湖区水体的自净能力。望虞河沿线 TN、NH_4^+-N 和 TP、DTP 的变化较大，NO_3^--N、NO_2^--N 和 PO_4^{3-}-P 的变化较小，研究望虞河引水工程造成的氮、磷形态变化对湖区藻类生长的影响有利于解释调水引流工程对藻类生长的影响机制。

（6）调研区域内 COD_{Mn} 在望虞河沿线和嘉兴区域表现为夏季较冬季高，在其他分区季节变化不明显。调研区域内望虞河沿线夏季的 Chl-a 最高，且空间变化也较大；漕湖上游区和湖西口门区冬季 Chl-a 的空间变化较夏季大，漕湖下游区和嘉兴区域则表现为夏季 Chl-a 的空间变化较大，浦西区和南部口门区 Chl-a 冬、夏两季的空间变化均不大；太湖西北部分区的 Chl-a 比东南部分区高。

参 考 文 献

顾建忠, 王福源, 仲惠民, 等. 2011. 引水改善吴江市城区水环境方案研究[J]. 江苏水利, (1): 38-39, 42.

郝文彬, 唐春燕, 滑磊, 等. 2012. 引江济太调水工程对太湖水动力的调控效果[J]. 河海大学学报(自然科学版), 40(2): 129-133.

胡尧文. 2010. 杭嘉湖地区引排水工程改善水环境效果分析[D]. 杭州: 浙江大学.

黄娟. 2006. 平原河网典型区原型调水试验及水环境治理方案研究——以常熟市为例[D]. 南京: 河海大学.

黄娟, 逄勇, 崔广柏. 2006. 引水改善常熟市城区水环境方案研究[J]. 江苏环境科技, 19(1): 34-36.

姜宇, 蔡晓钰. 2011. 引江济太对太湖水源地水质改善效果分析[J]. 江苏水利, (2): 36-37.

匡翠萍, 邓凌, 刘曙光, 等. 2011. 应急调水对太湖北部污染物扩散的影响[J]. 同济大学学报(自然科学版), 39(3): 395-400.

李大勇, 刘凌, 董增川, 等. 2004. 改善张家港地区水环境引水方案的对比研究[J]. 水利水电科技进展, 24(6): 17-20, 70-71.

李娟, 成晔波, 徐兴. 2017. 无锡市城市调水改善水环境研究与思考[J]. 治淮, (7): 11-12.

廖文根, 彭静, 何少苓, 等. 2001. 关于"引江济太"改善太湖水环境的思考[J]. 中国水利, (10): 67-68.

廖轶鹏, 周钰林, 范子武, 等. 2019. 夏季引流条件下苏州古城区河网水质变化研究[J]. 水利水运工程学报, (5): 18-26.

刘国庆, 范子武, 王波, 等. 2019. 基于同步原型观测的水质改善效果敏感性分析与应用[J]. 水利水运工程学报, (5): 1-9.

柳杨, 范子武, 谢忱, 等. 2019. 常州市运北主城区畅流活水方案设计与现场验证[J]. 水利水运工程学报, (5): 10-17.

陆勤. 1999. 苏州河水质现状及引清调水试验[J]. 上海农学院学报, 17(1): 62-67.

陆勤. 2004. 浦东新区河网引清调水试验研究[J]. 水资源研究, 25(2): 30-31.

陆一维, 逄勇, 周冉冉. 2019. 引水调度改善太湖流域无锡市运东片区水环境方案研究[J]. 四川环境, 38(1): 68-74.

马巍, 廖文根, 李锦秀, 等. 2007. 引水调控改善太湖湖湾水环境及其效果预测[J]. 长江流域资源与环境, 16(1): 52-56.

聂泽宇, 梁新强, 邢波, 等. 2012. 基于氮磷比解析太湖苕溪水体营养现状及应用策略[J]. 生态学报, 32(1): 48-55.

秦伯强, 胡维平, 陈伟民, 等. 2004. 太湖水环境演化过程与机理[M]. 北京: 科学出版社.

许海, 朱广伟, 秦伯强, 等. 2011. 氮磷比对水华蓝藻优势形成的影响[J]. 中国环境科学, 31(10): 1676-1683.

张刚, 逄勇, 崔广柏. 2006. 改善太仓城区水环境原型调水实验研究及模型建立[J]. 安全与环境学报, 6(4): 34-37.

张玮, 林一群, 郭定芳, 等. 2006. 不同氮、磷浓度对铜绿微囊藻生长、光合及产毒的影响[J]. 水生生物学报, 30(3): 318-322.

张文佳. 2009. 海洋泾调水对常熟市平原河网区水环境影响研究[D]. 南京: 河海大学.

赵小兰, 薛峰. 2008. 水利工程调水对江阴市水环境改善研究[J]. 水资源保护, 24(5): 20-23, 82.

Chrost R J, Siuda W, Albrecht D, et al. 1986. A method for determining enzymatically hydrolyzable phosphate (EHP) in natural waters[J]. Limnology and Oceanography, 31(3): 662-667.

Dyhrman S T, Chappell P D, Haley S T, et al. 2006. Phosphonate utilization by the globally important marine diazotroph Trichodesmium[J]. Nature, 439(7072): 68-71.

Hu L M, Hu W P, Zhai S H, et al. 2010. Effects on water quality following water transfer in Lake Taihu, China[J]. Ecological Engineering, 36(4): 471-481.

Hu W P, Zhai S J, Zhu Z C, et al. 2008. Impacts of the Yangtze River water transfer on the restoration of Lake Taihu[J]. Ecological Engineering, 34(1): 30-49.

Kim H, Hwang S, Shin J, et al. 2007. Effects of limiting nutrients and N:P ratios on the phytoplankton growth in a shallow hypertrophic reservoir[J]. Hydrobiologia, 581(1): 255-267.

Li Y P, Acharya K, Yu Z B. 2011. Modeling impacts of Yangtze River water transfer on water ages in Lake Taihu, China[J]. Ecological Engineering, 37(2): 325-334.

Rodrigues M S, Ferreira L S, Converti A, et al. 2010. Fed-batch cultivation of *Arthrospira* (*Spirulina*) platensis: Potassium nitrate and ammonium chloride as simultaneous nitrogen sources[J]. Bioresource Technology, 101(12): 4491-4498.

Schindler D W. 1977. Evolution of phosphorus limitation in lakes[J]. Science, 195(4275): 260-262.

Smith V H. 1983. Low nitrogen to phosphorus ratios favor dominance by blue-green algae in lake phytoplankton[J]. Science, 221(4611): 669-671.

Zhai S J, Hu W P, Zhu Z C. 2010. Ecological impacts of water transfers on Lake Taihu from the Yangtze River, China[J]. Ecological Engineering, 36(4): 406-420.

第5章 水文水动力变化对贡湖湾蓝藻水华的影响

水体富营养化导致的藻类水华多发生在水体流动性较差的水域,比如太湖的梅梁湾、竺山湾和贡湖湾(Dokulil et al.,2000;唐承佳,2010;Chen et al.,2009;Gao et al.,2009;Li et al.,2009;Xiao et al.,2009)。三峡水库蓄水后,干支流流速降低导致坝前藻类数量升高(张智等,2005;孔松等,2012),藻类群落也逐渐向湖泊型的蓝绿藻群落转变(黄钰铃,2007)。一些水文情势变化较大的河流在枯水季节也可能发生藻类水华(谢敏等,2006;王培丽,2010)。由此可见,水动力对藻类水华的发生具有一定的影响。

由于对环境的适应能力及适应机制差异较大,不同藻类对水动力扰动的响应也有很大差别,比如扰动可以促进河流型硅藻的生长,而湖泊型硅藻的生长主要受外部环境营养盐浓度的控制(王培丽,2010)。这可能是在湖泊藻类的生长模型中未考虑水动力因素的原因。但是,对于水库、河流等水动力变化较为显著的水域,水动力变化对藻类生长的影响是不可忽略的(焦世珺等,2006;廖平安和胡秀琳,2005;Jassby and Powell,1994;Devercelli,2006)。在大型浅水湖泊中,浮游生物的数量和分布受水动力的影响也十分显著(陈伟明等,2000)。

蓝藻门的铜绿微囊藻是富营养化程度较高的湖泊型水体中常见的水华优势藻类,流速是水动力条件最为直观的外在表现。研究表明,铜绿微囊藻具有其最佳的生长流速,在10~40cm/s范围内,铜绿微囊藻的生长周期随流速增加而增加,40cm/s流速时的藻类现存量最大,10cm/s时最小,30cm/s的流速最有利于其生长(曹巧丽,2008)。水动力扰动不仅能够抑制藻类的生长,还可能促进水体藻类优势种的转变(王培丽,2010)。

贡湖湾是当前"引江济太"工程的直接受水区。目前在解释调水引流工程对抑制湖泊蓝藻水华的机理时,普遍认为水动力变化是主要原因之一。太湖水体的流速变化范围为10~30cm/s(Qin et al.,2007),"引江济太"工程对贡湖湾流速的影响程度是否足以抑制铜绿微囊藻的生长,还需要通过具体研究来证实。此外,流场特征、水文环境变化对蓝藻水华的作用效果如何,也有待进一步分析。

本章首先通过室内水槽实验,研究流速变化对铜绿微囊藻生长的影响,再结合数值模拟结果,研究不同调水情境下贡湖湾流场的变化情况,最后综合实验结果和模拟计算结果,分析"引江济太"工程对贡湖湾水文水动力环境的影响及对蓝藻水华的作用机理。

5.1　材料与方法

5.1.1　实验藻种培养

实验所用铜绿微囊藻购自中国科学院水生生物研究所淡水藻种库（武汉）。在实验室内采用修改后的 Allen 培养基（配方如表 5.1 所示）对藻种进行驯化。驯化培养温度为 25℃，光暗比（D∶L）为 12h∶12h，光照度为 36～54μmol/（m²·s），每天于光照阶段摇晃锥形瓶数次。

表 5.1　修改后的 Allen 培养基组成

组成	使用量/（mL/L）	储备液	
NaNO₃	10	75g/500mL dH₂O	
K₂HPO₄	1	3.75g/100mL dH₂O	
MgSO₄·7H₂O	1	3.75g/100mL dH₂O	
CaCl₂·2H₂O	1	2.5g/100mL dH₂O	
Na₂CO₃	1	2.0g/100mL dH₂O	
Na₂SiO₃·9H₂O	1	5.8g/100mL dH₂O	
柠檬酸	1	0.6g/100mL dH₂O	
PIV（微量金属溶液）	1	Na₂EDTA	0.75g/L dH₂O
		MnCl·4H₂O	0.041g/L dH₂O
		ZnCl·7H₂O	0.005g/L dH₂O
		Na₂MoO₄·2H₂O	0.004g/L dH₂O
		FeCl₃·6H₂O	0.097g/L dH₂O
		CoCl·6H₂O	0.002 g/L dH₂O

注：pH 调节到 7.1～7.3

由于实验藻种需求量大，常规的锥形瓶育种不能满足实验需求，因而实验过程中，采用 18L 的纯净水水桶进行实验藻种培育。具体操作过程如下：

（1）将购买的纯净水水桶用实验室超纯水清洗数次，并倒置控干水分；

（2）向每个桶中装入 15L 预先配好的培养基，用棉花塞封口；

（3）将装有培养基的纯净水水桶放入高压灭菌锅内，按照锥形瓶培养过程中的灭菌程序进行培养基灭菌，灭菌完成后取出并冷却至室温；

（4）向每个纯净水水桶中接入 3L 驯化好的藻种；

（5）将经过沸水灭菌的充氧泵硅胶管（带气石）和水下日光灯（或白光 LED 灯）放入纯净水水桶内，并以棉花塞封口；

（6）采用空调控制培养室的温度，冬季温度较低时可以在步骤（5）的过程中加入防爆型恒温电热棒以达到更好的控温目的。

在向纯净水水桶中充入空气的时候，最好在硅胶管中接入单向阀，并在单向阀入口处的硅胶管中塞入少量棉花，以达到过滤净化空气的目的，并采用时控开关控制光照时间。

5.1.2　藻类生物量的测定方法

本章以细胞密度变化作为实验过程中藻类生物量的表征指标，考察实验条件变化对藻类生长的影响。藻类细胞密度的测定如下：

取一定量的实验藻种按一定的稀释倍数进行稀释，得到一系列不同藻密度的藻液，用紫外可见分光光度计（TU-1801，北京普析通用）测定藻液系列在680nm处的吸光度，同时在显微镜（PH50-DB048U，江西凤凰光学）下用血球计数板（25×16 型，上海求精）测定藻细胞密度，以藻细胞密度对光密度（OD）绘制相关性曲线，结果表明藻细胞密度与吸光度之间有很好的线性关系（图 5.1）。

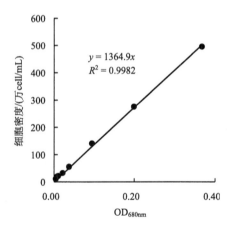

$$y = 1364.9x$$
$$R^2 = 0.9982$$

图 5.1　铜绿微囊藻细胞密度与光密度的关系

自接种之日起，定时取少量藻类培养液，以不加藻种的相同培养液为空白，测定其在 680nm 处的 OD，再通过查阅相关性曲线换算出藻细胞密度。

实验过程中铜绿微囊藻的初始细胞密度为 120 万 cell/mL 左右。当某实验组的平均增长值小于 5%时，认为该实验组已经达到最大生物现存量，即可停止生物量的测定（金相灿和屠清瑛，1990）。

5.1.3　实验装置

实验所用水槽采用亚克力有机玻璃板制成，上部采用安装有日光灯的 PVC 板覆盖，在保证光照的同时可以保持水槽的相对封闭性。采用变频电机带动螺旋桨转动，达到制造水流的目的，通过调整电机转速实现流速调节。实验水槽实物如图 5.2 所示。

图 5.2　流速变化对铜绿微囊藻生长影响的实验装置

5.1.4　贡湖湾水动力计算模型

1. 计算模型

在 Boussinesq 假设下，考虑各向异性时，σ 坐标（图 5.3）下的分层三维水流控制方程如下：

$$\frac{\partial Z}{\partial t} + \frac{\partial Hu}{\partial x} + \frac{\partial Hv}{\partial y} + \frac{\partial \omega}{\partial \sigma} = 0 \tag{5.1}$$

$$\frac{\partial Hu}{\partial t} + \frac{\partial Huu}{\partial x} + \frac{\partial Huv}{\partial y} + \frac{\partial u\omega}{\partial \sigma} = -gH\frac{\partial Z}{\partial x} + \frac{\partial}{\partial x}\left(D_{xy}\frac{\partial Hu}{\partial x}\right) + \frac{\partial}{\partial y}\left(D_{xy}\frac{\partial Hu}{\partial y}\right) + \frac{\partial}{\partial \sigma}\left(\frac{D_{x\sigma}}{H}\frac{\partial u}{\partial \sigma}\right) \tag{5.2}$$

$$\frac{\partial Hv}{\partial t} + \frac{\partial Hvu}{\partial x} + \frac{\partial Hvv}{\partial y} + \frac{\partial v\omega}{\partial \sigma} = -gH\frac{\partial Z}{\partial y} + \frac{\partial}{\partial x}\left(D_{xy}\frac{\partial Hv}{\partial x}\right) + \frac{\partial}{\partial y}\left(D_{xy}\frac{\partial Hv}{\partial y}\right) + \frac{\partial}{\partial \sigma}\left(\frac{D_{y\sigma}}{H}\frac{\partial v}{\partial \sigma}\right) \tag{5.3}$$

式中，u、v、ω 分别为 x、y、σ 向的流速；H 为水深；Z 为自由水面高程；D_{xy}、$D_{x\sigma}$、$D_{y\sigma}$ 分别为各向涡黏性系数。

σ 坐标系中的垂向速度 ω 与 xyz 坐标系中的垂向速度 w 的转换关系如下：

$$w = \omega + \frac{\partial Z}{\partial t} + \sigma\frac{\partial H}{\partial t} + u\left(\frac{\partial Z}{\partial x} + \sigma\frac{\partial H}{\partial x}\right) + v\left(\frac{\partial Z}{\partial y} + \sigma\frac{\partial H}{\partial y}\right) \tag{5.4}$$

式中，$\omega(0) = \omega(-1) = 0$。

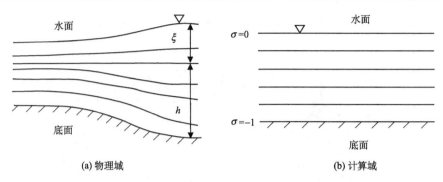

(a) 物理域　　　　　　　　　　　　　　　　(b) 计算域

图 5.3　三维水流 σ 坐标模式分层示意图

ζ 表示基准面以上水深；h 表示基准面以下水深

将平面流场沿水深分为 N 层（无须等分），以第 i 层为例，从该层下表面 σ_i^- 至上表面 σ_i^+，对式（5.1）～式（5.3）进行积分，并假设被积函数在同一层间沿下表面 σ_i^- 至上表面 σ_i^+ 间是线性分布的，应用牛顿-莱布尼茨公式，化简可得

$$\frac{\partial h_i}{\partial t} + \frac{\partial U_i}{\partial x} + \frac{\partial V_i}{\partial y} + \omega_i^+ - \omega_i^- = 0 \tag{5.5}$$

$$\frac{\partial U_i}{\partial t} + \frac{\partial u_i U_i}{\partial x} + \frac{\partial v_i U_i}{\partial y} + u_i(w_i^+ - w_i^-) = -gh_i\frac{\partial Z}{\partial x} + \frac{\partial}{\partial x}\left(D_{xy}\frac{\partial U_i}{\partial x}\right) + \frac{\partial}{\partial y}\left(D_{xy}\frac{\partial U_i}{\partial y}\right)$$

$$-\frac{\partial}{\partial x}(\overline{\Delta u_i \Delta u_i}) - \frac{\partial}{\partial y}(\overline{\Delta u_i \Delta v_i}) + \frac{D_{i,x\sigma}^+}{H}\frac{\partial u_i^+}{\partial \sigma} - \frac{D_{i,x\sigma}^-}{H}\frac{\partial u_i^-}{\partial \sigma} \tag{5.6}$$

$$\frac{\partial V_i}{\partial t} + \frac{\partial u_i V_i}{\partial x} + \frac{\partial v_i V_i}{\partial y} + v_i(w_i^+ - w_i^-) = -gh_i\frac{\partial Z}{\partial y} + \frac{\partial}{\partial x}\left(D_{xy}\frac{\partial V_i}{\partial x}\right) + \frac{\partial}{\partial y}\left(D_{xy}\frac{\partial V_i}{\partial y}\right)$$

$$-\frac{\partial}{\partial x}(\overline{\Delta v_i \Delta u_i}) - \frac{\partial}{\partial y}(\overline{\Delta v_i \Delta v_i}) + \frac{D_{i,y\sigma}^+}{H}\frac{\partial v_i^+}{\partial \sigma} - \frac{D_{i,y\sigma}^-}{H}\frac{\partial v_i^-}{\partial \sigma} \tag{5.7}$$

式（5.6）和式（5.7）中 $\overline{\Delta u_i \Delta u_i}$、$\overline{\Delta u_i \Delta v_i}$、$\overline{\Delta v_i \Delta u_i}$、$\overline{\Delta v_i \Delta v_i}$ 可用通用表达式 $\overline{\Delta F \Delta Q}$ 来表示：

$$\overline{\Delta F \Delta Q} = \frac{H}{12}(\sigma_i^+ - \sigma_i^-)(F_i^+ - F_i^-)(Q_i^+ - Q_i^-) \tag{5.8}$$

式（5.6）和式（5.7）中顶部 "—" 表示 i 层垂线平均值。大写表示 i 层的单宽流量，h_i 为第 i 层水深。由式（5.8）可以看出，方程形式与平面二维水流基本方程相似，从而把三维问题通过 σ 坐标分层积分降维成二维问题。本章采用剖开算子法（物理概念分步法）对以上方程进行求解（吴时强和丁道扬，1992）。

求解过程中的定解条件为

（1）初始条件：
$$\begin{cases} Z(x,y,0) = Z_0(x,y) \\ u(x,y,\sigma,0) = u_0(x,y,\sigma) \\ v(x,y,\sigma,0) = v_0(x,y,\sigma) \end{cases}$$

通常情况下，速度初始条件取为零。

（2）边界条件：水动力数学模型的计算边界为开边界，计算时上边界给以流量边界条件，下边界给以水位边界条件；固定边界采用可滑动边界条件；对于两岸边滩，则采用动边界方法处理。河床阻力、自由表面风切应力都作为边界条件进行处理。

2. 模拟工况

引水流量关系着"引江济太"工程的实际作用效果，为了寻求最优的引水流量，本章首先在无风条件下设置不同的引水流量，进行引水流量对贡湖湾流场的单因素影响研究。风是太湖水体流动的主要驱动力。利用中国科学院太湖湖泊生态系统研究站 1993～2008 年的气象资料计算出的多年平均风向玫瑰图（图 5.4）显示，东到南风（包括 ESE、SE 和 SSE）的比例从 3 月份开始大幅上升，一直持续到 8 月份，正好经历了太湖蓝藻的复苏、增殖与暴发期，此时的贡湖湾处于下风向，风向与引水流量的耦合作用将显著影响"引江济太"工程的效果，因此本章同时开展东南风下引水流量变化对贡湖湾流场的实际作用效果模拟。伴随着"引江济太"工程的常态化运行，本书还将进一步研究风向变化对望虞河引水工程作用效果的影响。本章的具体模拟工况设置如表 5.2 所示。其中：

Case1～5 为仅考虑引水流量单一因素变化对贡湖湾流速分布的影响；

Case6～10 为模拟 3m/s 东南风作用下引水流量变化对贡湖湾流速分布的影响；

Case11～18 为模拟引排水量和风速均相同的情况下，风向单一因素变化对太湖水体交换时间的影响。

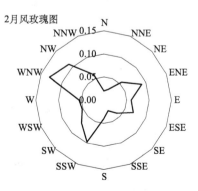

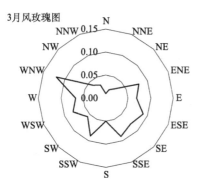

3月风玫瑰图

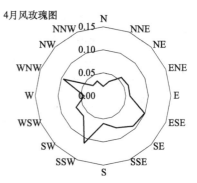

4月风玫瑰图

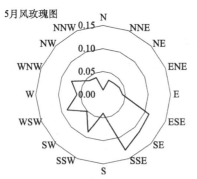

5月风玫瑰图

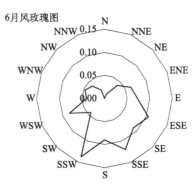

6月风玫瑰图

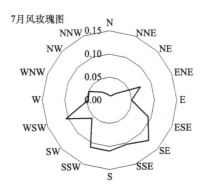

7月风玫瑰图

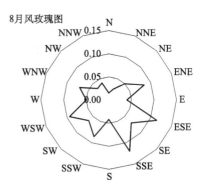

8月风玫瑰图

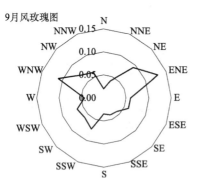

9月风玫瑰图

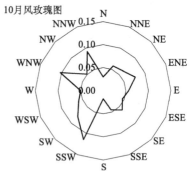

10月风玫瑰图

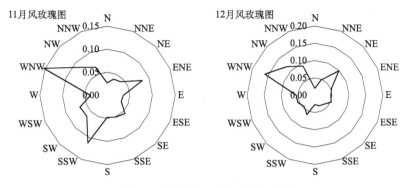

图 5.4 太湖多年平均风向玫瑰图

表 5.2 模拟工况设置

| 工况 | 流量/（m³/s） | | | 风向/风速 / （m/s） | 工况 | 流量/（m³/s） | | | 风向/风速 / （m/s） |
	望虞河	太浦河	支流			望虞河	太浦河	支流	
Case 1	40	40	0	无风	Case 10	130	130	0	SE/3
Case 2	70	70	0	无风	Case 11	100	100	0	E/3
Case 3	100	100	0	无风	Case 12	100	100	0	S/3
Case 4	130	130	0	无风	Case 13	100	100	0	W/3
Case 5	160	160	0	无风	Case 14	100	100	0	N/3
Case 6	0	0	0	SE/3	Case 15	100	100	0	NE/3
Case 7	40	40	0	SE/3	Case 16	100	100	0	SE/3
Case 8	70	70	0	SE/3	Case 17	100	100	0	SW/3
Case 9	100	100	0	SE/3	Case 18	100	100	0	NW/3

5.2 结 果 分 析

5.2.1 流速变化对铜绿微囊藻生长的影响

图 5.5 为根据实验结果绘制的不同流速条件下铜绿微囊藻的生长曲线。生长曲线表明，本次实验中，铜绿微囊藻在各种流速下均能够较快地进入快速增殖期，整体上在实验开展后的第 7 天获得最大生物现存量，随后，不同实验组的生物量呈现不同程度的下降，生长进入衰亡期。

不同流速条件下铜绿微囊藻的生长曲线还表明，铜绿微囊藻在流速等于30cm/s 时的生长状况最好，最大生物现存量最大，为 178.1 万 cell/mL，其次是流速等于 40cm/s 时，最大生物现存量为 167.9 万 cell/mL；流速降低或进一步升高均不利于铜绿微囊藻的生长，生物量较 30cm/s 和 40cm/s 流速时均显著降低。

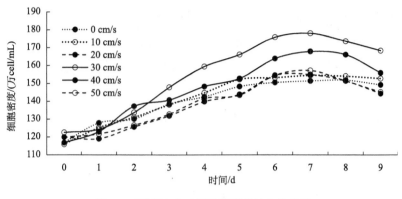

图 5.5　不同流速下铜绿微囊藻的生长曲线

5.2.2　不同模拟工况下贡湖湾水体流场分布

　　首先进行无风条件下望虞河引水流量单因素变化时贡湖湾流场变化情况的模拟。图 5.6 为无风条件下望虞河入湖流量分别为 40m³/s、70m³/s、100m³/s、130m³/s 和 160m³/s 时贡湖湾平均流场的模拟结果。结果表明，无风条件下望虞河引水后，贡湖湾的水流整体上呈向大太湖迁移的流向，对于容易发生蓝藻水华的贡湖湾西部区域，水体向大太湖迁移的趋势更为明显；引水流量越大，水体向大太湖迁移的能力也越强。

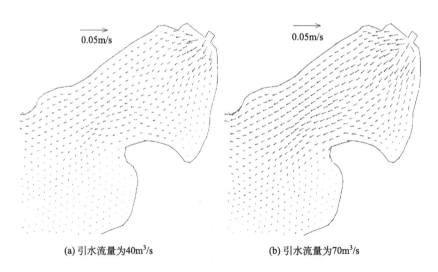

(a) 引水流量为40m³/s　　　　　　　　　　(b) 引水流量为70m³/s

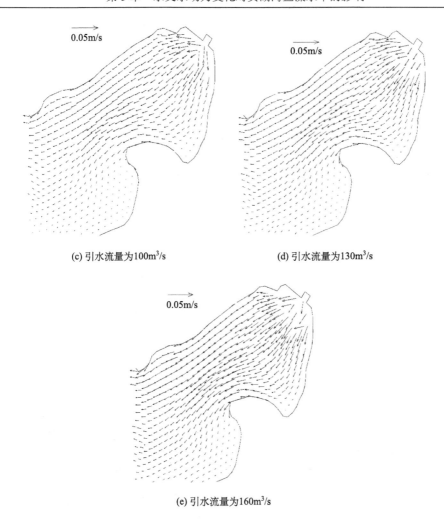

(c) 引水流量为100m³/s　　　　　　　　(d) 引水流量为130m³/s

(e) 引水流量为160m³/s

图 5.6　无风条件下望虞河不同引水流量时贡湖湾平均流速分布情况

　　模拟过程中发现，单一流量变化对湖泊流速分层变化的影响较小，各层水体的交换能力也无明显差异，因而采用各层平均交换时间来进一步分析流量变化对水体交换能力的影响。图 5.7 为望虞河入湖流量分别为40m³/s、70m³/s、100m³/s、130m³/s 和 160m³/s，计算时间为 365d 时湖区水体完全交换所需时间的分布情况。结果表明，随着入湖流量增加，湖区水体的交换能力增强，入湖水体影响的区域也越大。结果还显示，望虞河引水工程对贡湖湾水体交换的促进作用最强，平均交换时间不到 30d，水体最容易被置换；增加入湖流量并未显著改善梅梁湾、竺山湾及太湖西南部水体的交换能力。

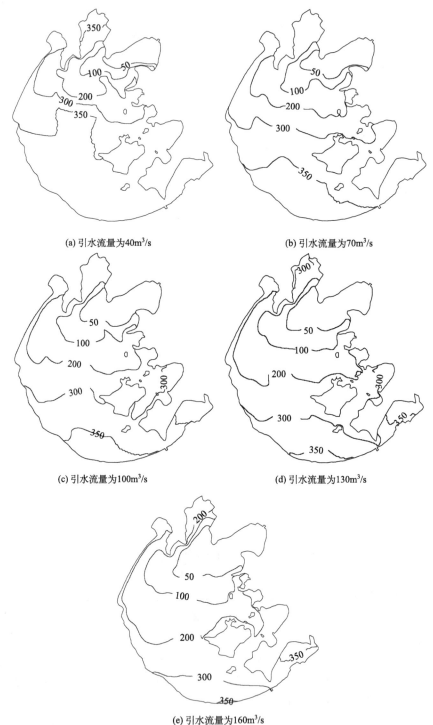

(a) 引水流量为40m³/s

(b) 引水流量为70m³/s

(c) 引水流量为100m³/s

(d) 引水流量为130m³/s

(e) 引水流量为160m³/s

图 5.7　望虞河不同入湖流量下太湖水体交换时间的分布（单位：d）

　　根据太湖多年平均风向的计算结果，东到南风经历了湖区蓝藻的复苏、增殖及暴发过程，因此本章以 3m/s 的东南风作为风场条件，研究风场与引水流量对贡湖湾流场变化的耦合效应。结果（图 5.8）表明，在 3m/s 东南风的作用下，增加引水流量并未显著改变贡湖湾的流速大小，但是随着引水流量的增加，贡湖湾原有环流的影响范围逐渐缩至引水中轴线的东侧区域，中轴线西侧区域水体向大太湖迁移的能力得到加强，促进了该区域水体的交换。结果还表明，即使引水流量进一步增加至 130m³/s，在贡湖湾的东部区域仍然存在一个小的环流体系，也就是说东南风作用下望虞河引水仅能够促进贡湖湾西部区域水体的交换。贡湖湾的蓝藻水华多发生在西部区域，东部区域很少发生，因此从工程实际效果考虑，即使在东南风的作用下，望虞河引水同样能够缓解蓝藻水华带来的问题。

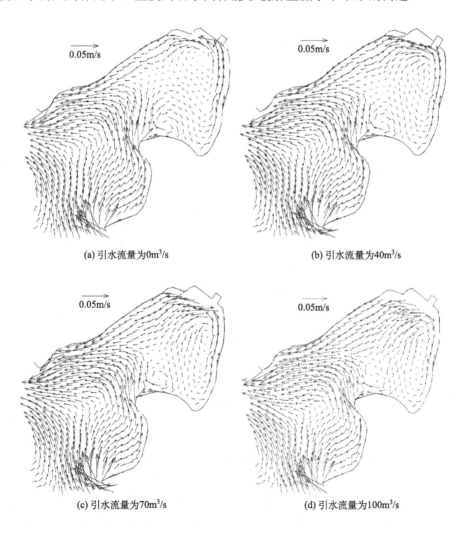

(a) 引水流量为0m³/s

(b) 引水流量为40m³/s

(c) 引水流量为70m³/s

(d) 引水流量为100m³/s

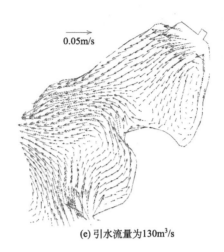

(e) 引水流量为130m³/s

图 5.8　3m/s 东南风条件下望虞河不同引水流量时贡湖湾平均流速分布情况

分析湖区受引水影响面积随流量变化的趋势发现，当引水流量从 40m³/s 增大到 160m³/s 后，受引水影响的面积分别增加了 24.2%、9.7%、4.6%和 1.5%。由此可见，流量与受影响面积之间并不呈线性关系，引水流量≥80m³/s 即可影响湖区 90%的面积，当引水流量超过 110m³/s 后，继续增大引水流量并不能明显扩大湖区受引水影响的面积。因此，单从引水流量方面考虑，在保证引水对湖区水体交换效率和经济最优的情况下，建议将引水流量控制在 80～110m³/s 的范围内。在后续研究中，本章选择100m³/s 引水流量研究其他因素对望虞河引水工程效果的影响。

太湖流场属于典型的风生流，随着太湖蓝藻水华暴发程度的日益加剧，"引江济太"工程也逐渐进入常态化运行模式。因而在研究引水工程影响湖区水体流场时还需要结合不同的风向。为了研究风向对湖区水体交换的影响，本章在引水流量为 100m³/s、风速为 3m/s 的基础上，研究 8 个不同风向下湖区水体的交换情况。其中，贡湖湾的模拟结果采用不同模拟情境下流场的变化进行分析；梅梁湾和湖心区通过考察设置的观察点水体的交换时间变化进行分析。

图 5.9 为入湖流量等于 100m³/s、风速为 3m/s 的情况下风向变化对贡湖湾流场影响的模拟结果。结果显示，在北风的情况下，望虞河引水可以促进贡湖湾东西两侧区域水体的交换，而对引水主轴线上水体交换能力的提升较弱；在东风的情况下，望虞河引水可以促进贡湖湾西部区域水体的交换，对引水主轴线和东部区域水体交换能力的提升较弱；在东北风的情况下，望虞河引水可以促进整个湖湾水体的交换，对通过引水改善贡湖湾的水生态环境最有利；在东南风的情况下，贡湖湾西部区域水体的交换能力受望虞河引水的影响较大，而在贡湖湾东部区域会形成一个小环流体系，不利于该区域水体的交换；在南风的情况下，贡湖湾引水主轴线上水体的交换能力显著高于东西两侧区域的水体，在东西两侧区域甚至

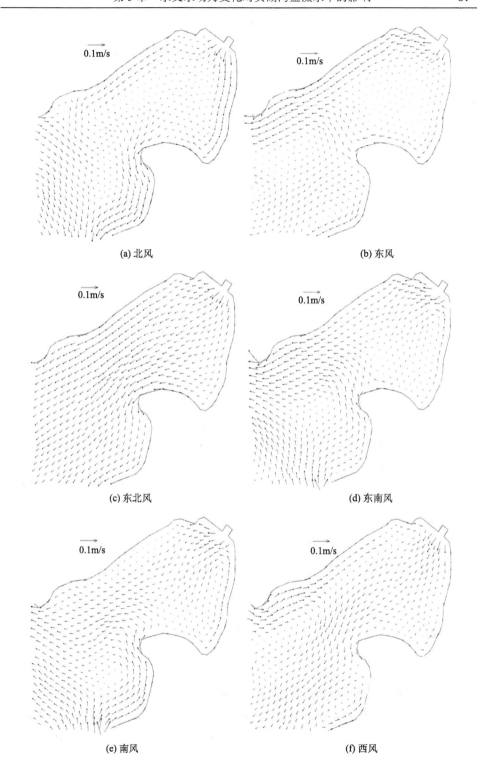

(a) 北风　　　　　　　　　　　　　　(b) 东风

(c) 东北风　　　　　　　　　　　　　(d) 东南风

(e) 南风　　　　　　　　　　　　　　(f) 西风

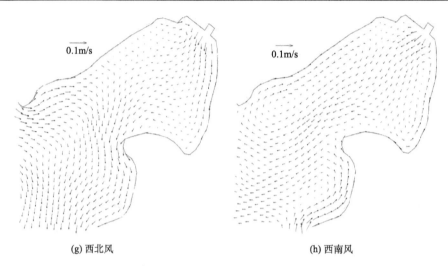

(g) 西北风　　　　　　　　　　　　　　　　(h) 西南风

图 5.9　引水流量 100m³/s、风速 3m/s 时风向变化对贡湖湾平均流速分布的影响

会各自形成两个小的环流区域，降低水体的交换性能；在西风的情况下，望虞河引水对贡湖湾西部区域水体的交换最不利，反而有可能促进该区域水质的恶化；在西北风的情况下，望虞河引水对贡湖湾西侧区域水体的交换不利，对东部区域水体的交换有利；在西南风的情况下，望虞河引水仅能促进引水主轴线区域水体的交换，而对贡湖湾东西两侧区域水体的交换均不利。

　　综合不同风向对贡湖湾水体交换能力影响的模拟结果可以发现，风向对贡湖湾水体交换的影响较大，贡湖湾西侧区域水体是富营养化较为严重，也是蓝藻水华较常发生的区域，为了实现引水工程效益的最大化，需要结合具体的风向适时调整引水程序，在东风、北风、东南风，尤其是东北风时进行引水的效果最好。

　　图 5.10 为不同风向下，湖心区表层、中间层、底层及垂向平均的水体交换时间。结果表明，湖心区水体的交换能力在不同风向下表现出很大的差异，各层可相差 350d。在东北风的情况下，表层水体所需的交换时间最短，约为 35d，其他风向都不利于表层水体的交换；在西南风的情况下，底层所需的交换时间最短，仅为 20d，西风对底层水体的交换最不利；风向对湖心区中间层水体交换时间的影响不大，不同风向时水体的交换时间均在 150～250d。在风生流流场中，表层水体的流向与风向一致，所以东北风作用下湖心区表层的水体更容易被交换；在补偿流的作用下，底层流向与风向相反，因此西南风更有利于湖心区底层水体的交换。

　　不同风向作用下湖心区水体垂向平均的交换时间变化说明，西北风、西风和东风不利于湖心区水体的整体交换，水体交换所需的时间较长，约 270d；东北风、西南风对湖心区水体的交换最有利，水体交换所需的时间最短，约 180d。由此可见，为了实现湖心区水体的整体交换，应在东北风和西南风时加大引水调度，而在西北风、西风和东风时减小引水调度甚至不进行引水调度。

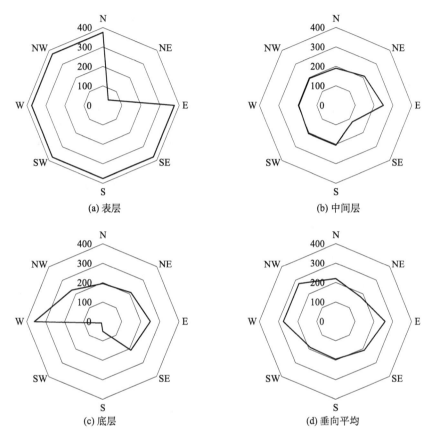

图 5.10　不同风向下湖心区表层、中间层、底层及垂向平均的水体交换时间（单位：d）

图 5.11 为不同风向下，梅梁湾表层、中间层、底层及垂向平均的水体交换时间。结果表明，梅梁湾水体交换时间在不同风向下的差异很大。在东南风和东风的作用下，梅梁湾表层水体所需的交换时间最短，约 11d；其他风向对梅梁湾表层水体交换的影响不大，表层水体基本无法实现有效交换。对中间层而言，东北风和东南风对水体交换的促进作用最大，水体交换所需时间最短，约 88d，其他风向下水体交换所需的时间在 140～240d。东北风和西北风对梅梁湾底层水体的交换最有利，水体交换所需的时间约为 100d。从梅梁湾垂向平均的水体交换时间看，西风最不利于湖湾内水体的整体交换，此时水体交换所需的时间最长，约 300d，东风、东北风和东南风对湖湾水体交换的促进作用最大，水体交换所需的时间约为 120d。因此，对半封闭的梅梁湾而言，东南风、东风和东北风对引水调

度置换湖湾水体有利，西风对引水调度最不利。

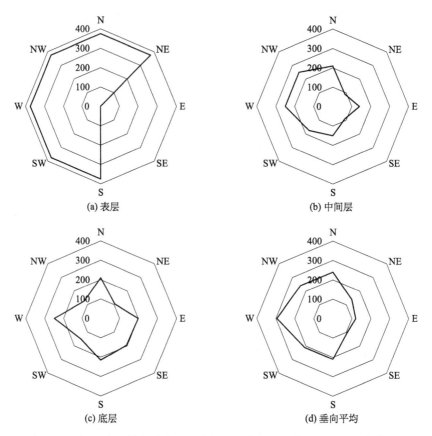

(a) 表层　　　　　　　　　　　　(b) 中间层

(c) 底层　　　　　　　　　　　　(d) 垂向平均

图 5.11　不同风向下梅梁湾表层、中间层、底层及垂向平均的水体交换时间

对比风向变化对湖心区和梅梁湾水体交换的影响发现，风向对二者的影响有相似之处，也有不同之处，这是因为在半封闭的湖湾区域，湖流除了受风场影响，还受边界的约束，水流的流态会产生相应的变化。

上述模拟结果表明，风向对湖区水体交换时间的空间分布起着关键性作用。由于表层水体的流向与风向一致，有利于顺风向方向水体的交换；不同风向下，湖心敞开区与湖湾半敞开区各层水体的交换能力也表现出很大的差异，在湖心敞开区，由于补偿流的作用，表层水体的交换与底层水体的交换呈一定的互补关系，在湖湾半敞开区，水体流动受风场和湖岸边界双重影响，表、底层水体交换的互补关系不明显。

结果还表明，湖泊不同区域水体交换的难易程度主要取决于所处地理位置及风向，虽然不同风向对贡湖湾水体交换的影响不同，但是整体上贡湖湾水体的交换受引水流量的影响要稍大一些，引水可以促进贡湖湾水体的交换；对湖心区而言，东北风和西南风可以促进引水对区域内水体的置换，西北风、西风和东风对湖心区水体的交换不利；对梅梁湾而言，东北风、东风和东南风有利于通过引水促进区域内的水体交换，而西风对引水调度最不利。

5.3　讨　论

5.3.1　流速大小对铜绿微囊藻生长的影响

与其他关于流速影响铜绿微囊藻生长的实验结果比较后发现，高月香等（2007）、曹巧丽（2008）也同样发现铜绿微囊藻在 30cm/s 的流速时生长最好。虽然本次实验中铜绿微囊藻的比增长率显著低于他们的实验结果，但是从藻类生物量的绝对增量上看，本章实验中 30cm/s 流速下铜绿微囊藻的绝对增量（55.6 万 cell/mL）显著高于高月香等（2007）实验中铜绿微囊藻生物量的绝对增量（约 20.8 万 cell/mL）。究其原因可能是：在本章实验中，铜绿微囊藻的起始生物量较高，约 120 万 cell/mL，而在他们的实验中，铜绿微囊藻的起始生物量较低，比增长率的计算受数值变化的影响较大，如假设藻类生物量在 1 天时间内均增加了 10 万 cell/mL，分别设定 12→22 万 cell/mL、22→32 万 cell/mL、112→122 万 cell/mL 和 122→132 万 cell/mL 四组数据，计算得到四组的比增长率分别为 0.606 d^{-1}、0.375 d^{-1}、0.085 d^{-1} 和 0.078 d^{-1}。由此可见，综合考虑藻类生物量的相对增量和绝对增量更有利于对不同实验数据进行对比。

目前关于流速对藻类水华影响的研究多认为低流速更易引起蓝藻水华的暴发，但是本次实验结果表明，当流速<30cm/s 时，铜绿微囊藻的生长并没有得到促进，反而比流速等于 30cm/s 实验组的生长差。分析其原因可能是：首先，认为低流速促进蓝藻水华暴发的研究多是针对由河流向水库转变的水域开展的（张智等，2005；孔松等，2012；谢敏等，2006；王培丽，2010），对于河流型水体，流速降低意味着物质迁移速度下降，藻体颗粒随径流向下游运动的速度也降低，藻类容易聚集生长形成水华，更多地反映了外力对藻体颗粒聚集效应的影响；室内环形水槽实验模拟的是湖泊内的环流流态，与外界的物质交换很低甚至为零，更多地反映了藻类的原位生长能力。其次，水华暴发不一定完全是藻类原位快速生长的结果，比如，实际观测资料显示风力携带至太湖西北部湖湾内的藻类生物量远大于湖湾内原位生长的藻类生物量（蔡后建和陈伟民，2008）。也就是说，藻类水华暴发有可能是外力作用下藻类群体在某一区域大量聚集的后果，而并非完全是藻类原位生长的结果；Qin 等（2007）关于太湖水动力模拟的结果显示，太湖水体的流场以风生环流为主，平均流速为 10cm/s，最大流速为 30cm/s，且在夏季

盛行风向的作用下，西北部湖湾内可形成较为明显的小型环流体系，降低了湖湾水体与大太湖水体的交换，促进了蓝藻等物质在该区域的聚集。

　　本章研究工况数值模拟结果表明，望虞河引水工程对贡湖湾流速的影响很小，仅在望虞河入湖口附近很短的范围内流速有所提升，但是增加的幅度很小，并未发生显著改变。水利部太湖流域管理局针对 2002~2003 年"引江济太"调水试验开展的研究也表明，未调水时，以 2002 年 1 月 23 日为代表，太湖表层流速基本介于 0~1.5cm/s，仅在望虞河河口、太浦河河口等河口区域流速大于 3cm/s；当入湖引水量为 100m³/s 时，以 2002 年 2 月 9 日为代表，贡湖湾表层流速在乌龟山附近达到 2.0~2.5cm/s；当入湖引水量为 284.43m³/s 时，以 2003 年 9 月 11 日为代表，贡湖湾表层流速介于 3.0~4.0cm/s。南京水利科学研究院（2011）的研究也表明，调水引流工程对湖区水体平均流速的影响较小，因而无法通过改变流速大小影响藻类的生长。

5.3.2　水流方向变化对贡湖湾藻类水华的作用

　　水利部太湖流域管理局资料（表 5.3）显示，2003 年 8 月引水量加大后，望虞河河口附近水域的浮游藻类总生物量减少，其中主要优势种群蓝藻的比例显著下降，与之相对的是硅藻的比例增加。表 5.3 还显示，从 2003 年 8 月起，贡湖湾口湖区的浮游藻类总生物量在短时间内显著增加，到达顶点后又逐渐下降，说明长江水引入太湖后，将原来贡湖湾内的浮游藻类推向了湾口。从浮游藻类的优势种群变化看，贡湖湾口湖区的蓝藻呈现先增长后下降的变化规律，而硅藻的比例在一个月以后显著增加，一定程度上可以认为是长江水的影响。

表 5.3　2002~2003 年"引江济太"调水试验前后太湖贡湖湾浮游藻类生物量

点位	采样时间	总生物量/（mg/L）	蓝藻		硅藻		绿藻		隐藻		裸藻	
			生物量/（mg/L）	比例/%	生物量/（mg/L）	比例/%	生物量/（mg/L）	比例/%	生物量/（mg/L）	比例/%	生物量/（mg/L）	比例/%
望虞河口	2002.9.25	2.5	0.3	10.2	0.5	18.5	0.7	29.4	0.8	32.9	0.2	9.0
	2002.12.28	0.2	0.1	90.1	0.0	0.3	0.0	9.6	0.0	0.0	0.0	0.0
	2003.2.26	0.0	0.0	0.0	0.0	58.1	0.0	41.9	0.0	0.0	0.0	0.0
	2003.6.26	1.0	0.0	0.0	0.0	4.4	1.0	95.4	0.0	0.0	0.0	0.0
	2003.7.21	0.4	0.2	0.1	0.1	20.7	0.1	27.5	0.0	0.0	0.0	0.0
	2003.8.5	5.5	4.8	0.3	0.3	5.4	0.1	1.5	0.1	2.0	0.2	4.2
	2003.8.13	1.9	1.6	0.1	0.1	5.4	0.0	0.8	0.1	5.9	0.0	0.0
	2003.8.17	0.4	0.1	0.2	0.2	55.3	0.0	4.2	0.0	0.0	0.0	0.0
	2003.9.13	0.5	0.2	0.1	0.2	38.9	0.0	6.7	0.1	12.4	0.0	8.6
	2003.9.24	0.4	0.1	0.1	0.1	17.5	0.0	6.6	0.2	54.8	0.0	7.9

续表

点位	采样时间	总生物量/（mg/L）	蓝藻 生物量/（mg/L）	比例/%	硅藻 生物量/（mg/L）	比例/%	绿藻 生物量/（mg/L）	比例/%	隐藻 生物量/（mg/L）	比例/%	裸藻 生物量/（mg/L）	比例/%
	2002.9.25	0.2	0.1	31.0	0.1	23.5	0.1	42.0	0.0	3.5	0.0	0.0
	2002.12.28	0.3	0.2	82.2	0.0	0.2	0.1	17.6	0.0	0.0	0.0	0.0
	2003.2.26	0.0	0.0	0.0	0.0	71.5	0.0	28.5	0.0	0.0	0.0	0.0
	2003.6.26	0.5	0.0	0.8	0.0	4.1	0.5	90.2	0.0	4.9	0.0	0.0
贡湖湾口	2003.7.21	0.2	0.1	34.5	0.0	18.9	0.1	46.7	0.0	0.0	0.0	0.0
	2003.8.5	1.9	0.3	17.0	1.5	80.3	0.0	2.6	0.0	0.0	0.0	0.0
	2003.8.13	2.2	1.5	70.9	0.4	20.4	0.1	4.4	0.0	2.2	0.0	2.1
	2003.8.17	6.5	3.4	52.8	1.1	16.9	0.2	3.0	1.6	25.1	0.1	2.1
	2003.9.13	4.4	0.0	1.0	3.0	66.8	0.3	7.3	0.8	17.7	0.3	7.3
	2003.9.24	1.2	0.3	26.0	0.8	67.3	0.1	4.5	0.0	2.1	0.0	0.0

　　从整个贡湖湾来看，浮游藻类组成的变化主要是由水体的空间迁移造成的。表 5.4 和图 5.12 较直观地反映了这种迁移的情况。从望虞河口至贡湖湾口，硅藻的比例逐渐增加，隐藻的比例逐渐减少。其中蓝藻和硅藻的变化反映了长江水在贡湖湾的运动情况，隐藻的变化基本不受引水影响。值得注意的是，有些通常只在清洁水体中出现的种类（如绿藻中的鼓藻）在贡湖湾口偶然出现，也从侧面反映了贡湖湾水草区部分清洁湖水的空间迁移，也就是长江水在贡湖湾的扩散推动了贡湖湾湖水的运动。

表5.4　2003 年 9 月太湖贡湖湾浮游藻类种群空间分布

望虞河口距离/km	总生物量/(mg/L)	蓝藻 总量/(mg/L)	比例/%	硅藻 总量/(mg/L)	比例/%	绿藻 总量/(mg/L)	比例/%	隐藻 总量/(mg/L)	比例/%	裸藻 总量/(mg/L)	比例/%
0	0.4	0.1	13.2	0.1	17.5	0.0	6.6	0.2	54.8	0.0	7.9
1	0.5	0.1	28.6	0.1	10.2	0.0	6.5	0.3	52.5	0.0	2.2
2	0.7	0.1	14.5	0.1	18.3	0.0	4.9	0.4	58.9	0.0	3.3
3	0.3	0.0	11.7	0.1	28.4	0.0	4.5	0.1	34.6	0.1	21.0
4	1.2	0.6	49.7	0.4	37.6	0.0	3.0	0.1	9.6	0.0	0.0
5	1.0	0.5	52.3	0.4	39.0	0.1	5.3	0.0	3.4	0.0	0.0
6	1.2	0.3	26.0	0.8	67.3	0.1	4.5	0.0	2.1	0.0	0.0
7	6.5	1.0	14.6	5.1	78.6	0.4	6.1	0.0	0.3	0.0	0.4
8	2.2	0.5	20.5	1.5	67.5	0.2	10.6	0.0	0.3	0.0	1.0
9	1.2	0.7	60.2	0.4	33.3	0.1	6.6	0.0	0.0	0.0	0.0

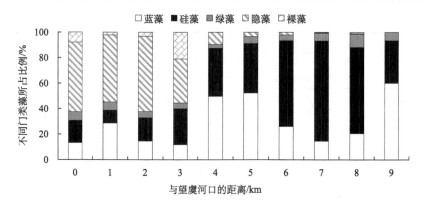

图 5.12 2003 年"引江济太"后贡湖湾浮游藻类种群空间分布

蓝藻水华的发生可能存在两个方面的原因：一是蓝藻快速原位生长导致的蓝藻生物量增加；二是蓝藻在外界环境的作用下聚集在某一区域内，导致局部区域蓝藻生物量显著增加。流速部分的研究结果已证实，引水对贡湖湾流速的影响非常小，无法通过流速变化来改变贡湖湾藻类的生长环境，因此流速变化并不是引水工程影响贡湖湾蓝藻水华的作用机理。但是模拟结果显示，望虞河引水工程显著改变了贡湖湾水体的流场分布，可以促进湖湾内水体与大太湖水体的交换，改变了蓝藻原有的空间分布环境，因而流场变化是"引江济太"工程抑制蓝藻水华的作用机制之一。

5.3.3 湖区水位变化的潜在作用

望虞河调水不仅改变了贡湖湾的水流方向，还改变了太湖水位及径流量。表 5.5 为不考虑地下水渗漏和补给，根据水量平衡计算得到的 2000～2002 年三年地表径流、降雨、蒸发及 2002 年望虞河和太浦河引排水引起的太湖水位变化。结

表 5.5 2000～2002 年径流、降雨、蒸发引起的太湖水位变化

参数	2000 年			2001 年			2002 年		
	1 月	2 月	3 月	1 月	2 月	3 月	1 月	2 月	3 月
月均水位/m	2.95	3.10	3.20	3.20	3.30	3.25	3.06	2.99	3.20
水位变化/cm	11.00	7.00	0.00	15.90	−2.00	−35.70	−12.00	−5.00	26.90
降雨/cm	0.04	5.44	9.26	13.90	5.44	2.96	3.36	3.83	11.87
蒸发/cm	3.25	5.02	7.19	5.03	3.69	7.43	3.97	4.55	5.61
径流/cm	14.21	5.68	−2.07	7.03	−3.75	−31.23	11.39	−4.28	19.64
望虞河入流/cm	—	—	—	—	—	—	—	12.33	15.32
太浦河出流/cm	—	—	—	—	—	—	—	−9.17	−17.16

注：引水为正，排水为负

果表明，除湖面降雨对水位变化的贡献较大外，地表径流对太湖水位变化的影响也较大，2002 年 2 月望虞河引水使太湖水位平均上升 12.33cm，太浦河排水使太湖水位平均下降 9.17cm；3 月望虞河引水使太湖水位平均上升 15.32cm，太浦河排水使太湖平均水位下降 17.16cm。

表 5.6 为 2003 年夏秋季"引江济太"调水试验期间望虞河引水、太浦河向下游供水引起的太湖水位变化。结果表明，2003 年 8～11 月望虞河引水引起的太湖水位上升量均大于太浦河排水引起的太湖水位下降量。2003 年 8 月望虞河引水使太湖平均水位上升 13.33cm，太浦河排水使太湖平均水位下降 9.16cm。如不考虑降雨、蒸发等因素对太湖水位变化的影响，水位理论上可以上升 4.17cm。9 月望虞河引水使太湖水位平均上升 17.90cm，太浦河排水使太湖平均水位下降 7.38cm，水位理论上可以上升 10.52cm。10 月望虞河引水使太湖水位平均上升 13.97cm，太浦河排水使太湖平均水位下降 8.12cm，水位理论上可以上升 5.85cm。11 月（上半月）望虞河引水使太湖水位平均上升 2.23cm，太浦河排水使太湖平均水位下降 3.58cm，太湖水位理论上下降 1.35cm。调水试验引水累计改变水位 47.43cm，排水累积改变水位 28.24cm，累计净改变量为 19.19cm。

表 5.6　2003 年望虞河、太浦河引排水引起的太湖水位变化

月份	望虞河引水造成水位变化/cm	太浦河排水造成水位变化/cm	净引水量造成水位变化/cm
8	13.33	9.16	4.17
9	17.90	7.38	10.52
10	13.97	8.12	5.85
11（上半月）	2.23	3.58	−1.35
累计	47.43	28.24	19.19

望虞河水体的藻类生物量较贡湖湾水体处于较低的水平，望虞河引水对湖区的藻类细胞密度起到了良好的稀释作用。湖区水位升高预示着湖区的水量增加，从而可能增加湖区水体的生态环境容量。由此可见，"引江济太"工程稀释了贡湖湾水体的藻类细胞密度，增加了湖区水体的环境容量。这可能是"引江济太"工程通过水文水动力变化抑制蓝藻水华的机制之一。

5.4　结　　论

本章首先通过室内实验研究了流速变化对铜绿微囊藻生长的影响，结果表明，30～40cm/s 的流速较适宜铜绿微囊藻的生长，以 30cm/s 的流速最佳，流速

降低或升高对铜绿微囊藻的生长均不利。

望虞河引水工程改变了贡湖湾水体原有的流场分布，促进了区域内水体的交换，有利于将集聚在湖湾内的蓝藻携带出去，降低蓝藻水华对水质的影响。望虞河引水工程对贡湖湾水体交换的促进作用最强，流量越大，促进作用越强，但是流量增加并不能显著改善梅梁湾、竺山湾和太湖西南部区域水体的交换能力。

风向对贡湖湾水体交换能力的影响也较大，为了实现望虞河引水工程效益的最大化，需要结合具体的风向进行引水程序的适时调整。在东风、北风、东南风，尤其是东北风时实施引水调度最有利于容易发生蓝藻水华的贡湖湾西部区域水体的交换；在东北风和西南风时进行引水调度有利于通过引水促进湖心区水体的交换，西北风、西风和东风对湖心区水体的交换不利；在东北风、东风和东南风时进行引水调度有利于通过引水促进梅梁湾水体的交换，而西风时进行引水调度最不利于梅梁湾水体的交换。

实际风场下的模拟结果表明，望虞河引水工程对贡湖湾水体交换的促进作用最强，其次是梅梁湾，对湖心区水体交换的促进作用较低。望虞河引水工程对贡湖湾西侧区域水体交换的促进作用比东侧区域强，从而有利于西侧容易发生蓝藻水华区域水体的交换，可缓解蓝藻水华带来的供水和生态环境等一系列问题。

望虞河引水工程对贡湖湾流速的影响较小，无法通过改变流速大小来影响藻类生长，流速变化不是"引江济太"工程改善贡湖湾蓝藻水华的作用因子。然而，引水工程显著改变了贡湖湾水体的流场结构，促进了湖湾内水体与大太湖湖区的交换，改变了蓝藻原有的空间分布特征，是"引江济太"工程通过水文水动力抑制蓝藻水华的作用机制之一；同时，"引江济太"工程稀释了贡湖湾水体的藻类细胞密度，增加了湖区水体的环境容量，也是"引江济太"工程通过水文水动力变化抑制蓝藻水华的机制之一。

参 考 文 献

蔡后建, 陈伟民. 2008. 微囊藻水华的漂移和降解对太湖水环境的影响[M]. 北京: 气象出版社.

曹巧丽. 2008. 水动力条件下蓝藻水华生消的模拟实验研究与探讨[J]. 灾害与防治工程, 64: 67-71.

陈伟明, 陈宇炜, 秦伯强, 等. 2000. 模拟水动力对湖泊生物群落演替的实验[J]. 湖泊科学, 12(4): 343-352.

高月香, 张毅敏, 张永春. 2007. 流速对太湖铜绿微囊藻生长的影响[J]. 生态与农村环境学报, 23(2): 57-60, 88.

黄钰铃. 2007. 三峡水库香溪河库湾水华生消机理研究[D]. 咸阳: 西北农林科技大学.

焦世珺, 钟成华, 邓春光. 2006. 浅谈流速对三峡库区藻类生长的影响[J]. 微量元素与健康研究, 23(2): 48-50.

金相灿, 屠清瑛. 1990. 湖泊富营养化调查规范. 2 版[M]. 北京: 中国环境科学出版社.

孔松, 刘德富, 纪道斌, 等. 2012. 香溪河库湾春季藻华生长的影响因子分析[J]. 三峡大学学报 (自然科学版), 34(1): 23-28.

廖平安, 胡秀琳. 2005. 流速对藻类生长影响的试验研究[J]. 北京水利, (2): 12-14, 60.

南京水利科学研究院. 2011. 江河湖连通改善太湖流域水生态环境作用分析评价[R]. 南京: 南京水利科学研究院.

唐承佳. 2010. 太湖贡湖湾水源地微囊藻毒素和含硫衍生污染物研究[D]. 上海: 华东师范大学.

王培丽. 2010. 从水动力和营养角度探讨汉江硅藻水华发生机制的研究[D]. 武汉: 华中农业大学.

吴时强, 丁道扬. 1992. 剖开算子法解具有自由表面的平面紊流速度场[J]. 水利水运科学研究, (1): 39-48.

谢敏, 王新才, 管光明, 等. 2006. 汉江中下游"水华"成因分析及其对策初探[J]. 人民长江, 37(8): 43-45.

张智, 宋丽娟, 郭蔚华. 2005. 重庆长江嘉陵江交汇段浮游藻类组成及变化[J]. 中国环境科学, 25(6): 695-699.

Chen K N, Bao C H, Zhou W P. 2009. Ecological restoration in eutrophic lake Wuli: A large enclosure experiment[J]. Ecological Engineering, 35(11): 1646-1655.

Devercelli M. 2006. Phytoplankton of the Middle Paraná River during an anomalous hydrological period: A morphological and functional approach[J]. Hydrobiologia, 563(1): 465-478.

Dokulil M, Chen W, Cai Q. 2000. Anthropogenic impacts to large lakes in China: The Taihu example[J]. Aquatic Ecosystem Health and Management, 3(1): 81-94.

Gao Y X, Zhu G W, Qin B Q, et al. 2009. Effect of ecological engineering on the nutrient content of surface sediments in Lake Taihu, China[J]. Ecological Engineering, 35(11): 1624-1630.

Jassby A D, Powell T M. 1994. Hydrodynamic influences on interannual chlorophyll variability in an estuary: Upper San Francisco Bay-Delta (California, U.S.A.) [J]. Estuarine, Coastal and Shelf Science, 39(6): 595-618.

Li X N, Song H L, Lu X W, et al. 2009. Characteristics and mechanisms of the hydroponic bio-filter method for purification of eutrophic surface water[J]. Ecological Engineering, 35(11): 1574-1583.

Qin B Q. 2009. Lake eutrophication: Control countermeasures and recycling exploitation[J]. Ecological Engineering, 35(11): 1569-1673.

Qin B Q, Xu P Z, Wu Q L, et al. 2007. Environmental issues of Lake Taihu, China[J]. Hydrobiologia, 581(1): 3-14.

Xiao L, Yang L, Zhang Y, et al. 2009. Solid state fermentation of aquatic macrophytes for crude protein extraction[J]. Ecological Engineering, 35(11): 1668-1676.

第6章　望虞河引水背景下氮磷变化对藻类生长的影响

藻类水华是水体富营养化的外在表现。在藻类生长的影响因素中，营养盐是最重要的作用因子之一。营养盐对藻类生长的影响过程涉及其在水体内的绝对浓度、相对浓度及赋存形态（Rodrigues et al.，2010；唐全民等，2008；张玮等，2006；连民等，2001；Yang et al.，2004；Abe et al.，2002；Garbisu et al.，1992；Chrost et al.，1986；Dyhrman et al.，2006；杨柳等，2011）。由于藻类生长对营养盐绝对浓度、相对浓度及赋存形态响应不同，因此，水体营养盐的变化可造成藻类生长状态发生变化或者种群结构发生相应变化。

营养盐变化被认为是调水引流工程抑制藻类生长或者导致藻类群落结构变化的主要原因之一。为研究"引江济太"期间湖区水体营养盐变化对藻类生长可能产生的影响，本章的主要内容包括：①在"引江济太"工程水质监测资料的基础上，分别设定不同的氮、磷初始实验浓度，在固定氮（或磷）浓度的条件下，通过改变磷（或氮）浓度获得不同 N/P 的培养条件，研究不同因素变化引起的 N/P 变化对藻类生长的影响；②结合"引江济太"水质资料，设置不同的 N/P，研究氮、磷赋存形态变化对藻类生长的影响。

6.1　材料与方法

6.1.1　藻种培养

根据太湖藻类监测结果，铜绿微囊藻是太湖蓝藻水华的常见优势种（黄昌春等，2010），斜生栅藻是藻类生长培养研究广泛使用的绿藻优势种之一（马浩天等，2020；王培丽等，2011；段晨雪等，2015），也是实验室常用的铜绿微囊藻对照藻种（晁建颖等，2011；陈晓峰等，2009；江晶，2010；郑春艳和张庭廷，2008；田如男等，2011）。因此本章选择铜绿微囊藻和斜生栅藻为实验藻类，研究营养盐变化对藻类生长的影响。

实验藻种均购自中国科学院水生生物研究所淡水藻种库（武汉）。铜绿微囊藻采用 BG-11 培养基进行保种培养，斜生栅藻采用 SE 培养基进行保种培养。培养温度为 25℃，光暗比（D∶L）为 12h∶12h，光照度约为 36～54μmol/（m²·s），每天于光照阶段摇晃锥形瓶数次。

为了获得相同的培养环境，实验过程中采用修改后的 Allen 培养基（配方如

表 5.1 所示）作为实验用培养基。实验前，将保存的藻种转接至实验用培养基中培养至对数生长期，常温下 3500r/min 离心 5min，弃去上清液后用灭菌的纯净水冲洗藻体 3 次，以去除藻体表面吸附的营养盐。最后，用纯净水将藻种稀释至一定体积，饥饿数日，摇匀并计数，供实验接种使用。

6.1.2　不同初始氮（磷）浓度下 N/P 的设置

根据 2007~2009 年"引江济太"期间望虞河望亭立交断面的水质情况，分别设置 5 个实验氮浓度（1.00mg/L、2.00mg/L、3.00mg/L、4.00mg/L 和 5.00mg/L）和 5 个实验磷浓度（0.05mg/L、0.10mg/L、0.15mg/L、0.20mg/L 和 0.25mg/L），再根据调水期间该断面的 N/P，设置 10、20、40 和 50 四个 N/P 用于实验。以修改后的 Allen 培养基为基本培养基，配置成无氮、磷的培养基母液，再用 $NaNO_3$ 和 K_2HPO_4 配置成实验所需的氮（磷）浓度和 N/P。实验过程中不再另行添加氮或磷。每组实验设置 3 个重复，实验结果以平均值表示。

6.1.3　氮（磷）形态变化处理设置

磷是太湖藻类生长的主要限制因子（杨清心，1996；黄文钰等，2003；杨宏伟等，2012）。本章以"引江济太"水质控制断面 TP 的平均浓度 0.15mg/L 为培养基的磷浓度，在此基础上开展不同 N/P（设置 10、20、40 和 50 四个梯度）下氮（磷）形态变化对藻类生长的影响实验。在氮形态变化实验中以磷酸氢二钾作为实验磷源，分别用硝酸钠、亚硝酸钠、氯化铵和尿素（有机氮）模拟不同形态的氮；在磷形态变化实验中以硝酸钠作为实验氮源，分别用磷酸氢二钾、三聚磷酸钠、六偏磷酸钠和 β-甘油磷酸钠（有机磷）模拟不同形态的磷。实验浓度均为初始浓度，实验过程中不再另行添加营养盐。每组实验设置 3 个重复，实验结果以平均值表示。

6.1.4　藻类生物量的测定方法

藻类生物量（包括藻类细胞密度、藻类重量或者叶绿素 a 等直接或间接表征指标）是目前评价水体富营养化水平的主要指标，本章以细胞密度变化作为实验过程中藻类生物量的表征指标，考察实验条件变化对藻类生长的影响。藻类细胞密度的测定如下：

取一定量的实验藻种按一定的稀释倍数进行稀释，得到一系列不同藻密度的藻液，用紫外可见分光光度计（TU-1801，北京普析通用）测定藻液系列在 680nm 处的吸光度，同时在显微镜（PH50-DB048U，江西凤凰光学）下用血球计数板（25×16 型，上海求精）测定藻细胞密度，以藻细胞密度对光密度（OD）绘制相关性曲线，结果表明藻细胞密度与吸光度之间有很好的线性关系（图 6.1）。

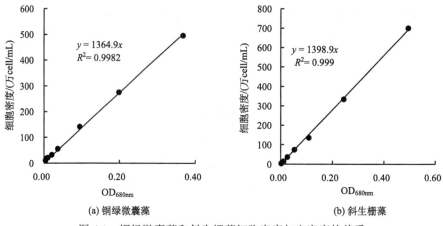

(a) 铜绿微囊藻　　　　　　　　　　(b) 斜生栅藻

图 6.1　铜绿微囊藻和斜生栅藻细胞密度与光密度的关系

自接种之日起，定时取少量藻类培养液，以不加藻种的相同培养液为空白，测定其在 680nm 处的 OD，再通过查阅相关性曲线换算出藻细胞密度。

实验过程中铜绿微囊藻和斜生栅藻的初始细胞密度均为 15 万 cell/mL 左右。当某实验组的平均增长值小于 5%时，认为该实验组已经达到最大生物现存量，即可停止生物量的测定（金相灿和屠清瑛，1990）。

6.2　结果与讨论

6.2.1　不同氮浓度下初始 N/P 变化对藻类生长的影响

1. 不同氮浓度下初始 N/P 变化对铜绿微囊藻生长的影响

氮浓度不同，初始 N/P 变化条件下铜绿微囊藻的生长曲线（图 6.2）及最大生物现存量（表 6.1）显示：在不同的氮浓度（C_N）下，虽然 N/P 发生了变化，

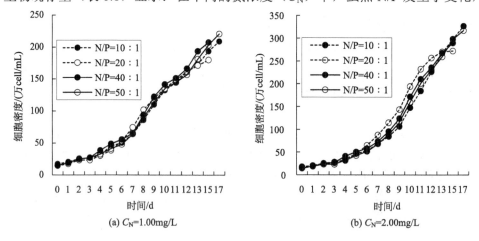

(a) C_N=1.00mg/L　　　　　　　　　(b) C_N=2.00mg/L

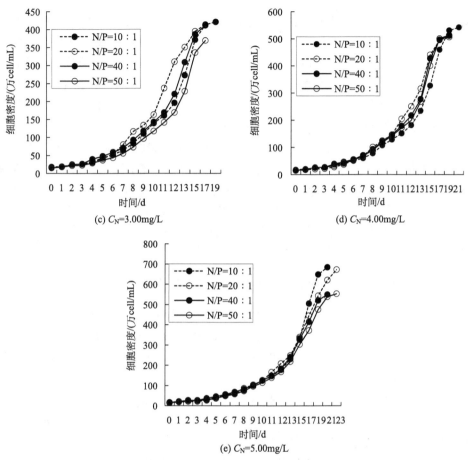

图 6.2　不同氮浓度和初始 N/P 下铜绿微囊藻的生长曲线

表 6.1　不同氮浓度和初始 N/P 下各实验组铜绿微囊藻最大生物现存量差异显著性分析

（单位：万 cell/mL）

初始 N/P	C_N=1.00mg/L	C_N=2.00mg/L	C_N=3.00mg/L	C_N=4.00mg/L	C_N=5.00mg/L
10：1	208.8[a]	326.2[a]	421.3[a]	541.9[a]	683.8[a]
20：1	180.2[a]	272.1[a]	414.0[a]	506.4[a]	672.0[a]
40：1	207.5[a]	289.4[a]	411.7[a]	511.8[a]	548.7[b]
50：1	220.7[a]	316.7[a]	369.9[a]	513.2[a]	552.8[b]

注：右上角字母相同表示差异性不显著，否则显著，显著性水平 $\alpha < 0.05$

但是铜绿微囊藻均可以生长，细胞密度显著增加。随着 C_N 增加，铜绿微囊藻的生长期及最大生物现存量也增加。

实验结果差异显著性分析表明，在 C_N=1.00～4.00mg/L 的实验条件下，不同

N/P 实验组间最大生物现存量的差异不显著，即在 C_N=1.00～4.00mg/L 的实验条件下，初始 N/P 从 10 升高至 50 对铜绿微囊藻生长的影响不明显；当培养基中的 C_N 升高至 5.00mg/L 后，N/P=10 和 20 实验组最大生物现存量的差异不显著，N/P=40 和 50 实验组最大生物现存量的差异不显著，而 N/P=10、20 和 N/P=40、50 实验组最大生物现存量差异显著，且以 N/P=10、20 实验组的高。由此可见，N/P 对铜绿微囊藻生长的影响受水体氮、磷绝对含量的制约较大。

在氮浓度相同的情况下，N/P 升高表示培养基中磷的绝对含量降低，但是满足铜绿微囊藻正常生长的最小氮浓度为 4.00mg/L（郑晓宇等，2012），当培养基中的氮浓度小于等于 4.00mg/L 时，铜绿微囊藻在氮绝对含量和氮、磷相对含量的共同作用下，不同 N/P 实验组间的最大生物现存量并不表现出明显的差异，只有氮的绝对浓度不再成为铜绿微囊藻生长的制约因子时，氮、磷相对含量（即 N/P）对其生长的作用效应才开始显现。

2. 不同氮浓度下初始 N/P 变化对斜生栅藻生长的影响

氮浓度不同，初始 N/P 变化条件下斜生栅藻的生长曲线（图 6.3）及最大生物现存量（表 6.2）显示：在不同氮浓度下，虽然 N/P 发生了变化，但是斜生栅藻均可以生长，细胞密度显著增加。随着 C_N 增加，斜生栅藻的生长期及最大生物现存量也增加。

实验结果差异显著性分析表明，在 C_N=1.00～5.00mg/L 的实验条件下，斜生栅藻在 N/P=10 实验组的最大生物现存量显著低于 N/P=40 和 50 两个实验组的最大生物现存量，尤其是在 C_N≥2.00mg/L 后。斜生栅藻的生长曲线还显示，斜生栅藻在 N/P=10 实验组的生长期也显著小于其他 N/P 实验组。由此可见，在 C_N=1.00～5.00mg/L 的实验条件下，N/P=10 均不利于斜生栅藻生长，说明斜生栅藻的生长受氮、磷相对浓度的影响较大。

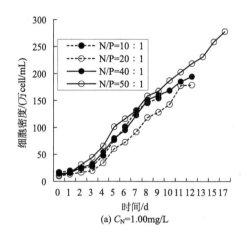

(a) C_N=1.00mg/L

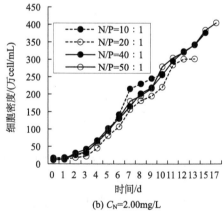

(b) C_N=2.00mg/L

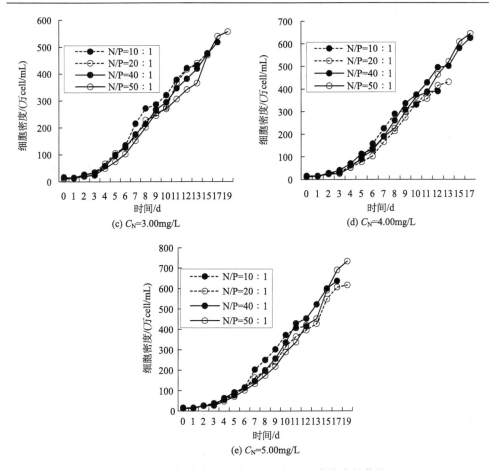

图 6.3　不同氮浓度和初始 N/P 下斜生栅藻的生长曲线

表 6.2　不同氮浓度和初始 N/P 下各实验组斜生栅藻最大现存生物量差异显著性分析

（单位：万 cell/mL）

初始 N/P	C_N=1.00mg/L	C_N=2.00mg/L	C_N=3.00mg/L	C_N=4.00mg/L	C_N=5.00mg/L
10：1	154.3[a]	256.9[a]	431.3[a]	390.3[a]	414.5[a]
20：1	178.6[b]	301.2[a]	476.1[ab]	430.8[a]	616.4[b]
40：1	194.4[b]	375.8[b]	517.6[b]	625.8[b]	636.5[bc]
50：1	277.9[c]	404.3[b]	556.8[b]	645.4[b]	732.6[c]

注：右上角字母相同表示差异性不显著，否则显著，显著性水平 $\alpha<0.05$

不同 N/P 条件下铜绿微囊藻和斜生栅藻最大生物现存量与 C_N 的相关性分析（图 6.4）表明，在本章的实验浓度范围内，虽然 N/P 发生了变化，铜绿微囊藻的最大生物现存量与 C_N 均表现出良好的相关性，而斜生栅藻在 N/P=10 时与 C_N 的相关性较差，最大生物现存量随 C_N 增加的趋势较低。

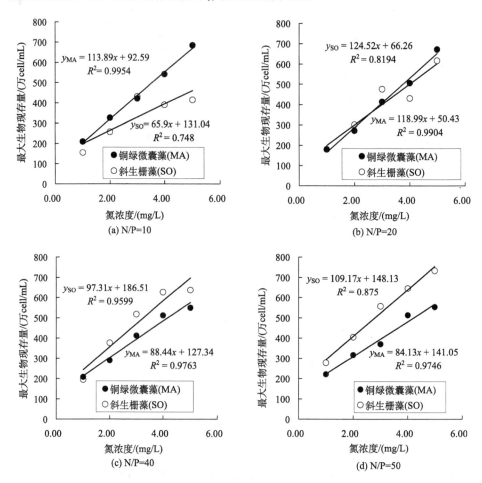

图 6.4　铜绿微囊藻和斜生栅藻最大生物现存量与氮浓度的相关性

综合不同氮浓度下 N/P 变化对铜绿微囊藻和斜生栅藻生长影响的实验结果发现，在本章的实验条件下，当 C_N 不能满足铜绿微囊藻正常生长需要时，铜绿微囊藻的生长受培养基中氮、磷绝对浓度的影响较大，表现为 N/P 变化对其最大生物现存量未产生显著影响；当 C_N 满足其正常生长需要后，氮、磷相对含量对其生长的影响才得以显现，表现为较低的 N/P 有利于其生长。斜生栅藻的生长受氮、磷绝对浓度和相对浓度的共同影响较大，虽然 C_N 发生了变化，但是 N/P=10 均不利于其生长，N/P≥40 后才能有效促进其生长。实验结果也从侧面证实铜绿微囊藻对低 N/P 具有良好的适应能力。

6.2.2 不同磷浓度下初始 N/P 变化对藻类生长的影响

1. 不同磷浓度下初始 N/P 变化对铜绿微囊藻生长的影响

磷浓度不同，初始 N/P 变化条件下铜绿微囊藻的生长曲线（图 6.5）及最大生物现存量差异性（表 6.3）显示：在不同的磷浓度（C_P）下，虽然 N/P 发生了变化，但是铜绿微囊藻均可以生长，细胞密度显著增加。在不同的 C_P 下，初始 N/P=10 实验组最不利于铜绿微囊藻的生长，表现为生长期和最大生物现存量均较低，随着初始 N/P 增加，铜绿微囊藻的生长期显著延长，最大生物现存量也显著增加，以初始 N/P=40 和 50 实验组最佳。这可能是因为藻类对氮的需求比磷大，在磷浓度相同的条件下，初始 N/P 越低，能够供铜绿微囊藻生长的氮浓度越低，随着初始 N/P 的升高，培养基中的氮浓度也升高，能够为铜绿微囊藻提供更多的营养，从而促进其生长。

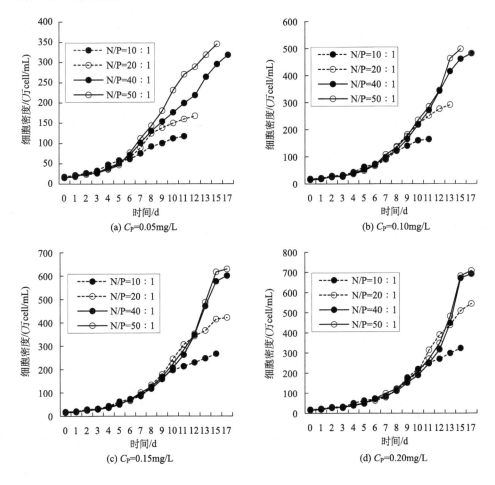

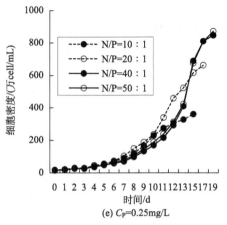

(e) $C_P=0.25\text{mg/L}$

图 6.5　不同磷浓度和初始 N/P 下铜绿微囊藻的生长曲线

表 6.3　不同磷浓度和初始 N/P 下各实验组铜绿微囊藻最大生物现存量差异显著性分析

（单位：万 cell/mL）

初始 N/P	$C_P=0.05\text{mg/L}$	$C_P=0.10\text{mg/L}$	$C_P=0.15\text{mg/L}$	$C_P=0.20\text{mg/L}$	$C_P=0.25\text{mg/L}$
10：1	116.9[a]	163.8[a]	266.2[a]	323.0[a]	360.8[a]
20：1	167.4[b]	291.6[b]	421.8[b]	544.6[b]	662.0[b]
40：1	318.0[c]	481.4[c]	600.6[c]	692.0[c]	847.6[c]
50：1	345.3[c]	497.7[c]	629.2[c]	708.4[c]	872.2[c]

注：右上角字母相同表示差异性不显著，否则显著，显著性水平 $\alpha < 0.05$

2. 不同磷浓度下初始 N/P 变化对斜生栅藻生长的影响

磷浓度不同，初始 N/P 变化条件下斜生栅藻的生长曲线（图 6.6）及最大生物现存量差异性（表 6.4）显示：在不同的 C_P 下，虽然 N/P 发生了变化，但是斜

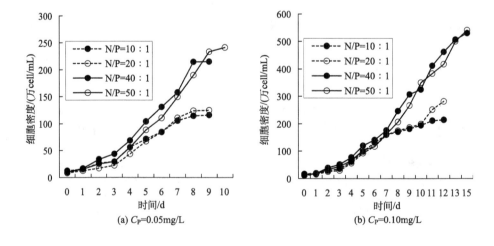

(a) $C_P=0.05\text{mg/L}$　　　　　　　　(b) $C_P=0.10\text{mg/L}$

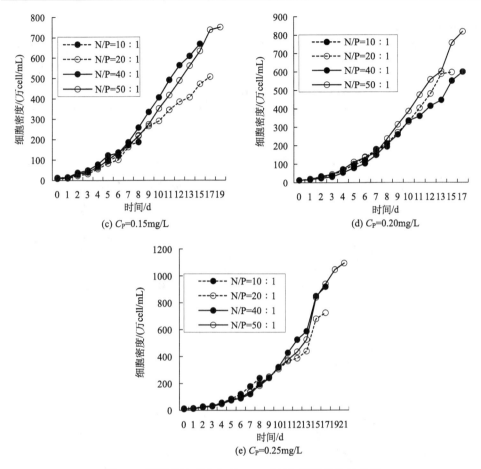

图 6.6　不同磷浓度和初始 N/P 下斜生栅藻的生长曲线

表 6.4　不同磷浓度和初始 N/P 下各实验组斜生栅藻最大生物现存量差异显著性分析

（单位：万 cell/mL）

初始 N/P	C_P=0.05mg/L	C_P=0.10mg/L	C_P=0.15mg/L	C_P=0.20mg/L	C_P=0.25mg/L
10：1	118.0[a]	214.0[a]	188.9[a]	195.8[a]	241.1[a]
20：1	126.8[a]	281.2[b]	507.3[b]	597.8[b]	723.7[b]
40：1	216.8[b]	529.7[c]	668.2[c]	600.1[b]	914.9[c]
50：1	242.9[b]	540.4[c]	749.8[c]	819.3[c]	1088.3[d]

注：右上角字母相同表示差异性不显著，否则显著，显著性水平 $\alpha<0.05$

生栅藻均可以生长，细胞密度显著增加。在不同的 C_P 下，初始 N/P=10 实验组最不利于斜生栅藻的生长，表现为生长期和最大生物现存量均较低，随着初始 N/P 的增加，斜生栅藻的生长期显著延长，最大生物现存量也显著增加，以初始 N/P=40

和 50 实验组最佳。

不同 N/P 条件下铜绿微囊藻和斜生栅藻最大生物现存量与 C_P 的相关性分析（图 6.7）表明，在本章的实验浓度范围内，虽然 N/P 发生了变化，铜绿微囊藻的最大生物现存量与 C_P 均表现出良好的相关性，而斜生栅藻在 N/P=10 时与 C_P 的相关性较差，最大生物现存量随 C_P 增加的趋势也较低，说明斜生栅藻对低 N/P 的适应能力较弱。

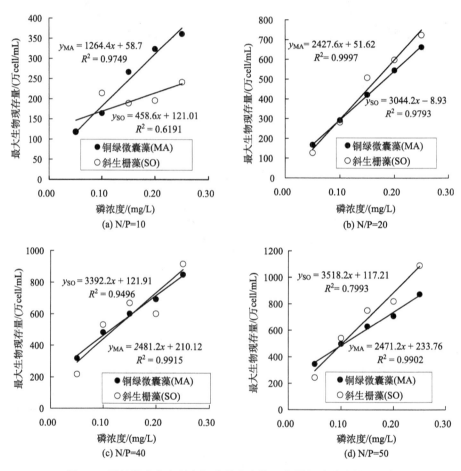

图 6.7　铜绿微囊藻和斜生栅藻最大生物现存量与磷浓度的相关性

6.2.3　不同形态氮初始比例变化对藻类生长的影响

1. 不同形态氮初始比例变化对铜绿微囊藻生长的影响

图 6.8 和表 6.5 分别为铜绿微囊藻在不同 N/P 时 NH_4^+-N 初始比例变化条件下

的生长曲线和最大生物现存量。结果表明，在不同的 N/P 下，虽然培养基中的 NH_4^+-N 比例发生了变化，但是对铜绿微囊藻的生长并未产生显著影响。

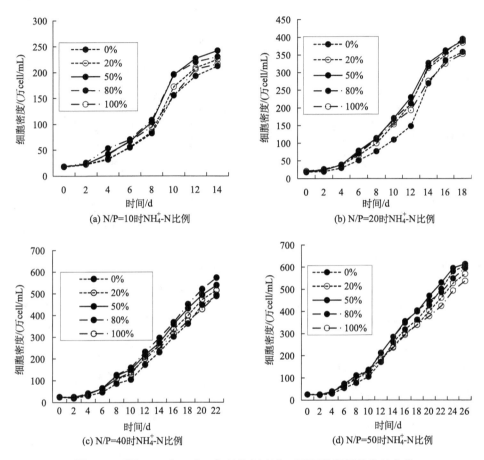

图 6.8　不同 N/P 时 NH_4^+-N 初始比例变化下铜绿微囊藻的生长曲线

表 6.5　不同 N/P 时 NH_4^+-N 初始比例变化下铜绿微囊藻的最大生物现存量差异显著性分析

NH_4^+-N 初始比例/%	初始 N/P/（万 cell/mL）			
	10	20	40	50
0	212.0[a]	358.1[a]	489.1[a]	604.7[a]
20	224.8[a]	384.4[a]	515.5[a]	568.3[a]
50	242.0[a]	389.5[a]	538.7[a]	613.8[a]
80	230.2[a]	394.9[a]	572.8[a]	594.6[a]
100	216.1[a]	352.6[a]	494.1[a]	536.4[a]

注：右上角字母相同表示差异性不显著，否则显著，显著性水平 $\alpha < 0.05$

　　图 6.9 和表 6.6 分别为铜绿微囊藻在不同 N/P 时 NO_2^--N 初始比例变化条件下的生长曲线和最大生物现存量。结果表明，在不同的 N/P 下，虽然培养基中的 NO_2^--N 比例发生了变化，但是对铜绿微囊藻的生长并未产生显著影响。

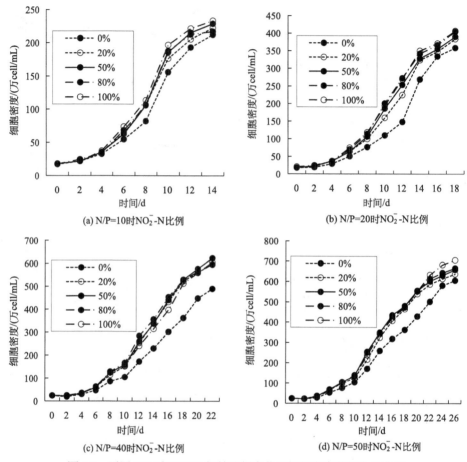

图 6.9　不同 N/P 时 NO_2^--N 初始比例变化下铜绿微囊藻的生长曲线

表 6.6　不同 N/P 时 NO_2^--N 初始比例变化下铜绿微囊藻的最大生物现存量差异显著性分析

NO_2^--N 初始比例/%	初始 N/P/（万 cell/mL）			
	10	20	40	50
0	212.0[a]	358.1[a]	489.1[a]	604.7[a]
20	222.5[a]	383.5[a]	595.1[a]	636.5[a]
50	228.8[a]	389.9[a]	622.8[a]	657.8[a]
80	217.0[a]	404.5[a]	594.2[a]	665.2[a]
100	233.4[a]	406.7[a]	604.2[a]	704.7[a]

注：右上角字母相同表示差异性不显著，否则显著，显著性水平 $\alpha < 0.05$

图 6.10 和表 6.7 分别为铜绿微囊藻在不同 N/P 时 ON 初始比例变化条件下的生长曲线和最大生物现存量。结果表明，在不同的 N/P 下，虽然培养基中的 ON 比例发生了变化，但是整体而言，对铜绿微囊藻的生长并未产生显著影响。

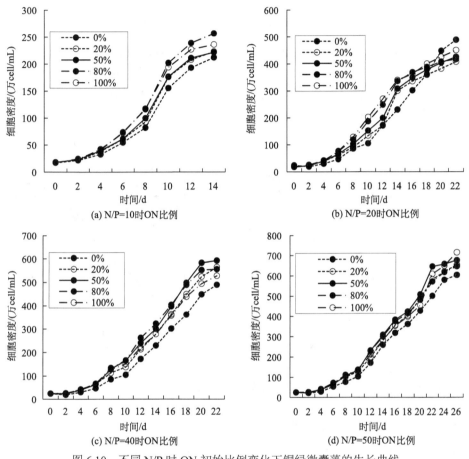

图 6.10　不同 N/P 时 ON 初始比例变化下铜绿微囊藻的生长曲线

表 6.7　不同 N/P 时 ON 初始比例变化下铜绿微囊藻的最大生物现存量差异显著性分析

ON 初始比例/%	初始 N/P/（万 cell/mL）			
	10	20	40	50
0	212.0[a]	489.1[a]	489.1[a]	604.7[a]
20	222.9[b]	407.7[b]	564.6[b]	654.7[a]
50	221.6[b]	425.8[a]	592.4[b]	677.0[a]
80	256.6[b]	417.2[a]	556.0[b]	647.4[a]
100	236.1[b]	450.9[a]	527.8[b]	715.7[a]

注：右上角字母相同表示差异性不显著，否则显著，显著性水平 $\alpha < 0.05$

综上结果可知，在本章的实验条件下，虽然培养基中氮的形态发生了变化，但是对铜绿微囊藻的生长并未产生显著影响。氮形态变化不是影响铜绿微囊藻生长的主要作用因素。

2. 不同形态氮初始比例变化对斜生栅藻生长的影响

图 6.11 和表 6.8 分别为斜生栅藻在不同 N/P 时 NH_4^+-N 初始比例变化条件下的生长曲线和最大生物现存量。结果表明，在不同的 N/P 下，虽然培养基中 NH_4^+-N 比例的变化对斜生栅藻的生长产生了一定的影响，但是整体而言，NH_4^+-N 比例≤20%更有利于斜生栅藻生长。

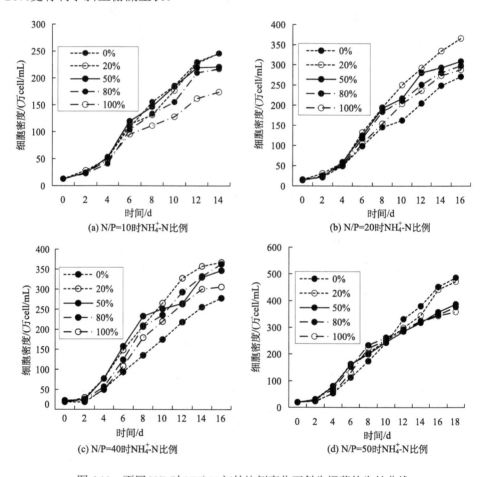

图 6.11　不同 N/P 时 NH_4^+-N 初始比例变化下斜生栅藻的生长曲线

表 6.8　不同 N/P 时 NH_4^+-N 初始比例变化下斜生栅藻的最大生物现存量差异显著性分析

NH_4^+-N 初始比例/%	初始 N/P/（万 cell/mL）			
	10	20	40	50
0	245.7[a]	270.9[a]	277.9[a]	485.9[a]
20	245.7[a]	366.0[b]	367.4[b]	471.4[a]
50	220.5[a]	308.7[a]	346.5[bc]	387.0[b]
80	216.8[a]	297.5[a]	362.8[b]	376.8[b]
100	173.9[b]	288.2[a]	305.9[ac]	358.6[b]

注：右上角字母相同表示差异性不显著，否则显著，显著性水平 $\alpha < 0.05$

　　图 6.12 和表 6.9 分别为斜生栅藻在不同 N/P 时 NO_2^--N 初始比例变化条件下的生长曲线和最大生物现存量。结果表明，不同 N/P 下，培养基中混合一定比例的 NO_2^--N 可以促进斜生栅藻的生长，但是这一比例随 N/P 的升高呈下降趋势，从 N/P=10 时的 100%降低到 N/P=50 时的 50%。

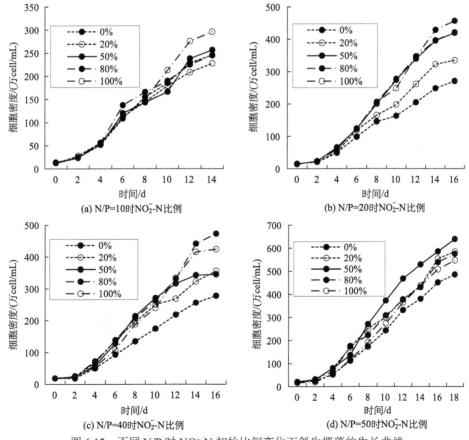

图 6.12　不同 N/P 时 NO_2^--N 初始比例变化下斜生栅藻的生长曲线

表 6.9　不同 N/P 时 NO$_2^-$-N 初始比例变化下斜生栅藻的最大生物现存量差异显著性分析

NO$_2^-$-N 初始比例/%	初始 N/P/（万 cell/mL）			
	10	20	40	50
0	245.7ᵃ	270.9ᵃ	277.9ᵃ	485.9ᵃ
20	228.0ᵃ	334.8ᵃ	355.8ᵇ	584.3ᵇ
50	256.9ᵃ	419.2ᵇ	345.1ᵇ	638.8ᵇ
80	245.3ᵃ	457.0ᵇ	472.8ᶜ	574.9ᵇ
100	296.1ᵇ	421.7ᵇ	423.9ᶜ	547.0ᵇ

注：右上角字母相同表示差异性不显著，否则显著，显著性水平 $\alpha<0.05$

图 6.13 和表 6.10 分别为斜生栅藻在不同 N/P 时 ON 初始比例变化条件下的生长曲线和最大生物现存量。结果表明，虽然不同 N/P 下培养基中 ON 比例变化对斜生栅藻的生长产生了一定的影响，但是整体而言这一影响不显著。

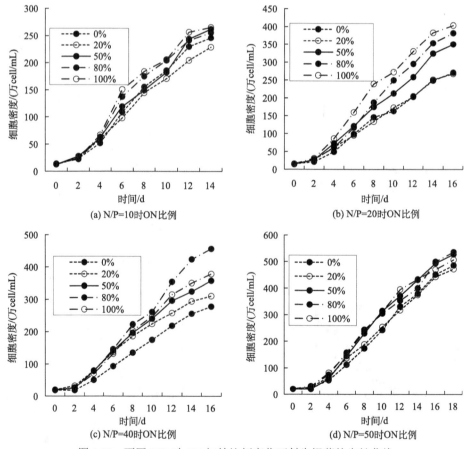

(a) N/P=10时ON比例

(b) N/P=20时ON比例

(c) N/P=40时ON比例

(d) N/P=50时ON比例

图 6.13　不同 N/P 时 ON 初始比例变化下斜生栅藻的生长曲线

表 6.10　不同 N/P 时 ON 初始比例变化下斜生栅藻的最大生物现存量差异显著性分析

ON 初始比例/%	初始 N/P/（万 cell/mL）			
	10	20	40	50
0	245.7[a]	270.9[a]	277.9[a]	485.9[a]
20	228.5[a]	267.7[a]	310.6[ab]	471.9[a]
50	262.1[a]	350.2[b]	357.7[bc]	527.4[a]
80	255.5[a]	381.9[b]	456.5[d]	536.2[a]
100	265.3[a]	403.3[b]	378.6[cd]	506.9[a]

注：右上角字母相同表示差异性不显著，否则显著，显著性水平 $\alpha < 0.05$

6.2.4　不同形态磷初始比例变化对藻类生长的影响

1. 不同形态磷初始比例变化对铜绿微囊藻生长的影响

图 6.14 和表 6.11 分别为铜绿微囊藻在不同 N/P 时偏磷酸盐初始比例变化条件下的生长曲线和最大生物现存量。结果表明，培养基中偏磷酸盐比例升高不利于铜绿微囊藻生长，当偏磷酸盐成为唯一磷源时，铜绿微囊藻的生长最差。

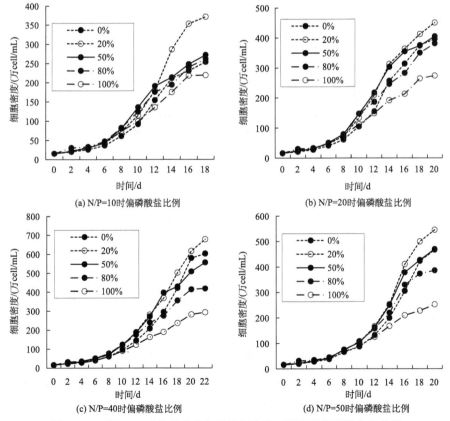

(a) N/P=10时偏磷酸盐比例

(b) N/P=20时偏磷酸盐比例

(c) N/P=40时偏磷酸盐比例

(d) N/P=50时偏磷酸盐比例

图 6.14　不同 N/P 时偏磷酸盐初始比例变化下铜绿微囊藻的生长曲线

表 6.11　不同 N/P 时偏磷酸盐初始比例变化下铜绿微囊藻的最大生物现存量差异显著性分析

偏磷酸盐	初始 N/P/（万 cell/mL）			
初始比例/%	10	20	40	50
0	253.9[a]	395.4[a]	602.8[a]	466.8[a]
20	371.2[b]	450.0[a]	677.9[a]	545.1[a]
50	272.1[a]	404.9[a]	556.4[a]	469.5[a]
80	261.6[a]	381.3[b]	418.1[a]	386.3[b]
100	219.7[c]	273.9[b]	293.0[c]	252.5[c]

注：右上角字母相同表示差异性不显著，否则显著，显著性水平 $\alpha < 0.05$

　　图 6.15 和表 6.12 分别为铜绿微囊藻在不同 N/P 时聚磷酸盐初始比例变化条件下的生长曲线和最大生物现存量。结果表明，在 N/P=10 的实验条件下，聚磷

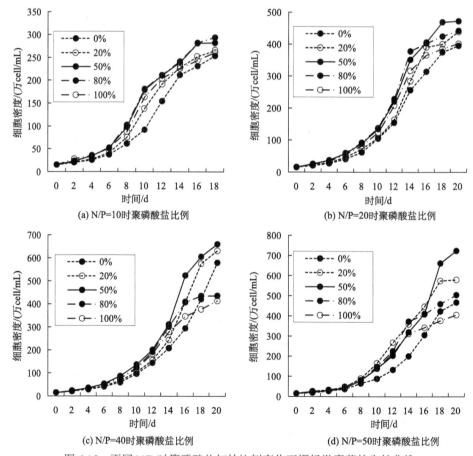

图 6.15　不同 N/P 时聚磷酸盐初始比例变化下铜绿微囊藻的生长曲线

表 6.12　不同 N/P 时聚磷酸盐初始比例变化下铜绿微囊藻的最大生物现存量差异显著性分析

聚磷酸盐 初始比例/%	初始 N/P/（万 cell/mL）			
	10	20	40	50
0	253.9[a]	395.4[a]	579.6[a]	466.8[a]
20	265.2[a]	439.0[b]	631.5[a]	579.2[b]
50	282.1[a]	472.3[b]	660.2[a]	723.4[c]
80	293.9[a]	442.2[b]	435.9[b]	503.6[b]
100	261.6[a]	401.7[b]	413.6[b]	405.4[a]

注：右上角字母相同表示差异性不显著，否则显著，显著性水平 $\alpha < 0.05$

酸盐初始比例变化对铜绿微囊藻生长的影响不明显，随着 N/P 的升高，聚磷酸盐初始比例增加对铜绿微囊藻生长的促进作用开始显现，但是 N/P 升高至≥40 后，聚磷酸盐初始比例≤50%时对铜绿微囊藻生长的促进作用随着初始比例的增加而增强；若进一步增加聚磷酸盐比例，铜绿微囊藻的生长状况又开始下降。

图 6.16 和表 6.13 分别为铜绿微囊藻在不同 N/P 时有机磷初始比例变化条件

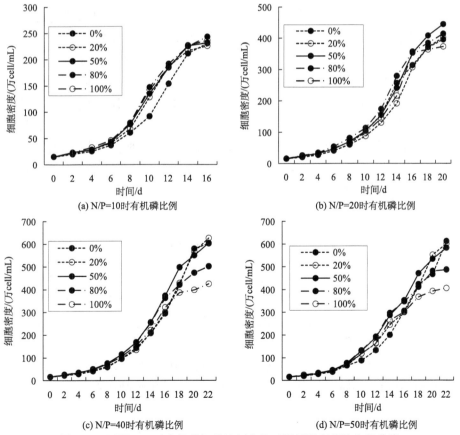

(a) N/P=10时有机磷比例　　　(b) N/P=20时有机磷比例

(c) N/P=40时有机磷比例　　　(d) N/P=50时有机磷比例

图 6.16　不同 N/P 时有机磷初始比例变化下铜绿微囊藻的生长曲线

表 6.13　不同 N/P 时有机磷初始比例变化下铜绿微囊藻的最大生物现存量差异显著性分析

有机磷 初始比例/%	初始 N/P/（万 cell/mL）			
	10	20	40	50
0	231.9[a]	395.4[a]	602.8[a]	612.4[a]
20	226.1[a]	401.7[a]	626.5[a]	601.0[a]
50	232.0[a]	444.5[a]	604.7[a]	582.8[a]
80	243.4[a]	414.1[a]	502.3[b]	486.8[b]
100	236.6[a]	373.5[a]	425.4[b]	405.8[c]

注：右上角字母相同表示差异性不显著，否则显著，显著性水平 $\alpha < 0.05$

下的生长曲线和最大生物现存量。结果表明，在 N/P≤20 时，培养基中有机磷初始比例变化对铜绿微囊藻生长的影响不显著，当 N/P≥40 后，有机磷初始比例大于 50%后对铜绿微囊藻的生长产生显著抑制作用。

一般认为，藻类偏向于吸收可以直接利用的正磷酸盐，对有机磷（李香华等，2005）的利用需要在碱性磷酸酶的作用下进行。本章的实验结果表明，培养基中偏磷酸盐比例升高不利于铜绿微囊藻生长，当偏磷酸盐成为唯一磷源时，铜绿微囊藻的生长最差；聚磷酸盐和有机磷初始比例变化对铜绿微囊藻生长的影响与 N/P 有关，在 N/P=10 的实验条件下，聚磷酸盐初始比例变化对铜绿微囊藻生长的影响不明显，随着 N/P 的升高，聚磷酸盐初始比例增加对铜绿微囊藻生长的促进作用开始显现，但是 N/P 升高至≥40 后，聚磷酸盐初始比例≤50%时对铜绿微囊藻生长的促进作用随着初始比例的增加而增强，进一步增加聚磷酸盐比例后，铜绿微囊藻的生长状况又开始下降；在 N/P≤20 时，培养基中有机磷初始比例变化对铜绿微囊藻生长的影响不显著，当 N/P≥40 后，有机磷初始比例大于 50%后对铜绿微囊藻的生长产生显著抑制作用。

2. 不同形态磷初始比例变化对斜生栅藻生长的影响

图 6.17 和表 6.14 分别为斜生栅藻在不同 N/P 时偏磷酸盐初始比例变化条件下的生长曲线和最大生物现存量。结果表明，在 N/P=10 和 20 的实验条件下，偏磷酸盐的存在可以促进斜生栅藻生长，但促进作用没有随偏磷酸盐初始比例的增加而增强；当 N/P 升高至 40 后，少量偏磷酸盐（比例为 20%）可以显著促进斜生栅藻生长，偏磷酸盐含量进一步升高后开始抑制斜生栅藻的生长；当 N/P 进一步升高至 50 后，偏磷酸盐则对斜生栅藻的生长表现出抑制作用。

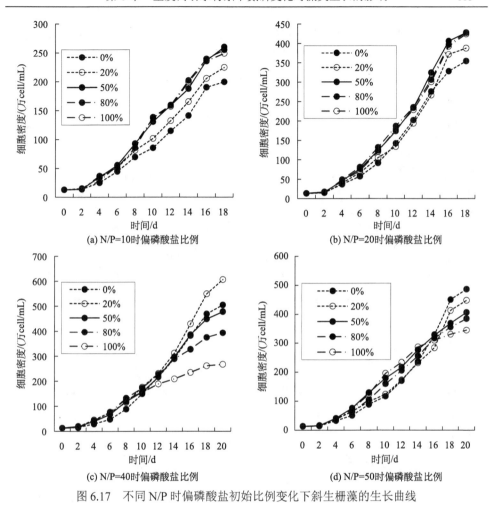

图 6.17　不同 N/P 时偏磷酸盐初始比例变化下斜生栅藻的生长曲线

表 6.14　不同 N/P 时偏磷酸盐初始比例变化下斜生栅藻的最大生物现存量差异显著性分析

偏磷酸盐	初始 N/P/（万 cell/mL）			
初始比例/%	10	20	40	50
0	199.6[a]	354.4[a]	505.0[a]	486.4[a]
20	224.8[b]	388.0[ab]	606.7[b]	448.1[ab]
50	260.2[b]	427.6[b]	478.4[a]	406.6[bc]
80	255.5[b]	428.1[b]	393.6[c]	385.2[bc]
100	249.0[b]	424.3[b]	267.7[d]	345.1[c]

注：右上角字母相同表示差异性不显著，否则显著，显著性水平 $\alpha < 0.05$

　　图 6.18 和表 6.15 分别为斜生栅藻在不同 N/P 时聚磷酸盐初始比例变化条件下的生长曲线和最大生物现存量。结果表明，在 N/P=10 的实验条件下，向培养

基中添加聚磷酸盐可以显著促进斜生栅藻生长，但是促进作用并不随聚磷酸盐初始比例的增加而增强，随着 N/P 升高，聚磷酸盐对斜生栅藻生长的促进作用逐渐降低，至 N/P=50 时，聚磷酸盐已不再明显促进斜生栅藻生长。

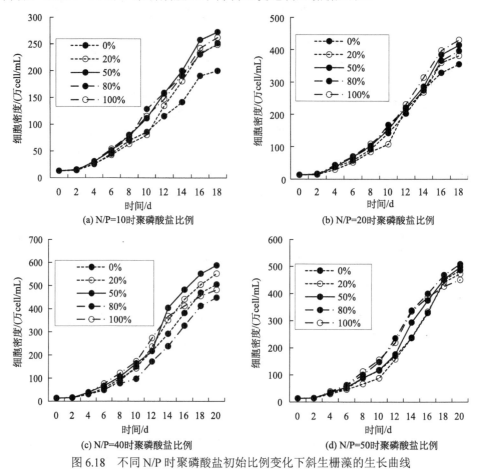

图 6.18　不同 N/P 时聚磷酸盐初始比例变化下斜生栅藻的生长曲线

表 6.15　不同 N/P 时聚磷酸盐初始比例变化下斜生栅藻的最大生物现存量差异显著性分析

聚磷酸盐初始比例/%	初始 N/P/（万 cell/mL）			
	10	20	40	50
0	199.6[a]	354.4[a]	505.0[ac]	486.4[a]
20	248.5[b]	381.0[ab]	552.1[ab]	473.3[a]
50	272.3[b]	413.6[ab]	587.1[a]	497.5[a]
80	251.3[b]	395.9[ab]	448.1[c]	508.3[a]
100	262.1[b]	429.9[b]	481.7[b]	450.9[a]

注：右上角字母相同表示差异性不显著，否则显著，显著性水平 $\alpha < 0.05$

　　图 6.19 和表 6.16 分别为斜生栅藻在不同 N/P 时有机磷初始比例变化条件下的生长曲线和最大生物现存量。结果表明，在 N/P=10 的实验条件下，向培养基中添加有机磷可以显著促进斜生栅藻生长，但是促进作用并不随有机磷初始比例的增加而增强，随着 N/P 升高，有机磷对斜生栅藻生长的促进作用逐渐下降，至 N/P=50 时，向培养基中添加有机磷可以显著抑制斜生栅藻生长，但是抑制效果不随有机磷比例升高而增强。

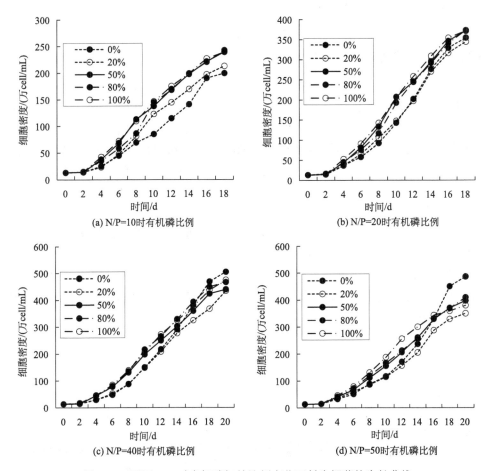

图 6.19　不同 N/P 时有机磷初始比例变化下斜生栅藻的生长曲线

表 6.16　不同 N/P 时有机磷初始比例变化下斜生栅藻的最大生物现存量差异显著性分析

| 有机磷 | 初始 N/P/（万 cell/mL） | | | |
初始比例/%	10	20	40	50
0	199.6[a]	354.4[a]	505.0[a]	486.4[a]
20	213.1[ab]	344.1[a]	435.1[a]	350.2[b]

续表

| 有机磷 | 初始 N/P/（万 cell/mL） | | | |
初始比例/%	10	20	40	50
50	239.7^b	372.1^a	440.2^a	397.3^b
80	242.5^b	373.0^a	467.2^a	409.4^b
100	239.2^b	371.2^a	475.2^a	379.6^b

注：右上角字母相同表示差异性不显著，否则显著，显著性水平 $\alpha < 0.05$

6.2.5　氮、磷营养盐变化的作用分析

图 6.20 和图 6.21 分别为 2007～2009 年"引江济太"期间望虞河望亭立交断面 TP、TN 浓度的变化情况。由图可知，"引江济太"期间望亭立交断面 TP 的浓度相对稳定，变化较小；随着引水时间的推进，望亭立交断面的 TN 浓度呈明显下降趋势，造成入湖水体的 N/P 也呈降低趋势（图 6.22）。在 N/P 变化对藻类生长影响的实验中证实，当水体的 N/P 由氮浓度变化决定时，铜绿微囊藻和斜生栅藻均喜欢较高的 N/P 环境。因此，"引江济太"工程对湖区水体 N/P 的作用效果，不仅能够抑制蓝藻水华的发生，还能抑制湖区绿藻的生长。

"引江济太"期间望亭立交断面 NH_4^+-N 浓度随着引水时间的推进呈下降趋势（图 6.23），同时 NH_4^+-N 占 TN 的比例也呈下降趋势（图 6.24）。氮形态变化对藻类生长影响的实验结果表明，在"引江济太"的水质基础上，氮形态变化对铜绿微囊藻生长的影响不明显，因此 NH_4^+-N 浓度降低不是"引江济太"工程抑制蓝藻水华的作用机制。

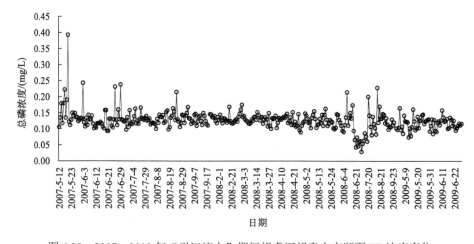

图 6.20　2007～2009 年"引江济太"期间望虞河望亭立交断面 TP 浓度变化

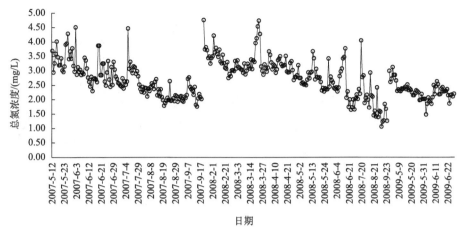

图 6.21　2007～2009 年"引江济太"期间望虞河望亭立交断面 TN 浓度变化

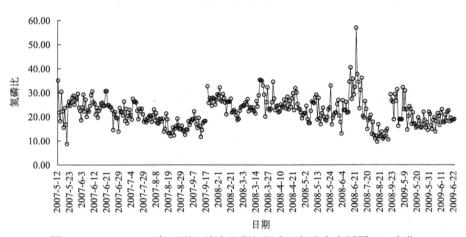

图 6.22　2007～2009 年"引江济太"期间望虞河望亭立交断面 N/P 变化

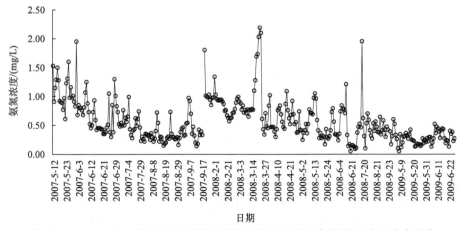

图 6.23　2007～2009 年"引江济太"期间望虞河望亭立交断面 NH$_4^+$-N 浓度变化

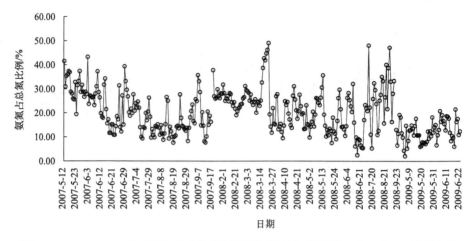

图 6.24   2007～2009 年 "引江济太" 期间望虞河望亭立交断面 NH_4^+-N 占 TN 比例变化

6.3   结   论

本章通过室内批次培养实验，研究了不同培养条件下营养盐变化对富营养化水体中两种常见藻类——铜绿微囊藻和斜生栅藻生长的影响，结论如下。

（1）当培养基中氮浓度在 1.00～4.00mg/L 时，N/P 从 10 升高至 50 并未对铜绿微囊藻的生长产生明显影响，当氮浓度升高至 5.00mg/L 后，10 和 20 的 N/P 更有利于铜绿微囊藻的生长；培养基中氮浓度在 1.00～5.00mg/L 的实验条件下，尤其是在氮浓度≥2.00mg/L 后，斜生栅藻在 N/P=40 和 50 时生长最好，在 N/P=10 实验组的生长最差，其生长受氮、磷相对浓度的影响较大。

（2）在培养基中磷浓度为 0.05～0.25mg/L 的实验条件下，铜绿微囊藻和斜生栅藻在 N/P=10 实验组的生长均最差，在 N/P=40 和 50 实验组的生长最好；斜生栅藻对低 N/P 的适应能力较铜绿微囊藻弱，导致其在低 N/P 水体中难以成为藻类优势种。

（3）在本章的实验条件下，NH_4^+-N、NO_2^--N 和有机氮比例的变化均未对铜绿微囊藻的生长产生显著影响，氮形态变化不是铜绿微囊藻生长的主要影响因素；培养基中 NH_4^+-N 比例≤20%时有利于斜生栅藻生长，有利于斜生栅藻生长的 NO_2^--N 比例随 N/P 升高呈降低趋势，有机氮对斜生栅藻生长的影响不明显。

（4）偏磷酸盐比例升高对铜绿微囊藻的生长不利，铜绿微囊藻在单一偏磷酸盐实验组生长最差；聚磷酸盐和有机磷初始比例变化对铜绿微囊藻生长的影响与 N/P 有关，在 N/P=10 的实验条件下，聚磷酸盐初始比例变化对铜绿微囊藻生长的影响不明显，随着 N/P 的升高，聚磷酸盐初始比例增加对铜绿微囊藻生长的促进作用开始显现，但是 N/P 升高至≥40 后，聚磷酸盐初始比例≤50%时对铜绿微囊藻生长的促进作用随着初始比例的增加而增强，进一步增加聚磷酸盐比例后，铜绿微囊藻的生长状况又开始下降；在 N/P≤20 时，培养基中有机磷初始比例变化对铜绿微囊藻生长的影响不显著，当 N/P≥40 后，有机磷初始比例大于50%对铜绿微囊藻的生长产生显著抑制作用；当 N/P≤20 时，偏磷酸盐可以促进斜生栅藻生长，在 N/P≥40 后，偏磷酸盐对斜生栅藻开始表现出抑制作用；当 N/P=10 时，聚磷酸盐和有机磷均能够促进斜生栅藻生长，随着 N/P 升高聚磷酸盐和有机磷对斜生栅藻生长的促进作用降低，至 N/P=50 时，聚磷酸盐不再明显促进斜生栅藻生长，而有机磷开始显著抑制斜生栅藻生长。

　　结合实验结果和调研数据可以发现，"引江济太"工程有效降低了湖区水体的 N/P，改变了太湖蓝藻水华优势种——铜绿微囊藻生长的环境，从而抑制了蓝藻水华的进一步发展。N/P 降低是"引江济太"工程通过营养盐变化抑制蓝藻水华的作用机制之一。

参 考 文 献

晁建颖, 颜润润, 张毅敏. 2011. 不同温度下铜绿微囊藻和斜生栅藻的最佳生长率及竞争作用[J]. 生态与农村环境学报, 27(2): 53-57.

陈晓峰, 逄勇, 颜润润. 2009. 竞争条件下光照对两种淡水藻生长的影响[J]. 环境科学与技术, 32(6): 6-11, 28.

段晨雪, 张宝玉, 伍松翠, 等. 2015. 重金属镉对斜生栅藻光合作用的影响[J]. 海洋与湖沼, 46(2): 351-356.

黄昌春, 李云梅, 王桥, 等. 2010. 铜绿微囊藻和斜生栅藻生物光学模型[J]. 湖泊科学, 22(3): 357-366.

黄文钰, 高光, 舒金华, 等. 2003. 含磷洗衣粉对太湖藻类生长繁殖的影响[J]. 湖泊科学, 15(4): 326-330.

江晶. 2010. 萘对斜生栅藻(Scenedesmus obliquus)和铜绿微囊藻(Microcystis aeruginosa)毒性效应研究[D]. 长春: 东北师范大学.

金相灿, 屠清瑛. 1990. 湖泊富营养化调查规范. 2 版[M]. 北京: 中国环境科学出版社.

李香华, 胡维平, 翟淑华, 等. 2005. 引江济太对太湖水体碱性磷酸酶活性的影响[J]. 水利学报, 36(4): 478-483.

连民, 刘颖, 俞顺章. 2001. 氮、磷、铁、锌对铜绿微囊藻生长及产毒的影响[J]. 上海环境科学, 20(4): 166-171.

马浩天, 张飞, 张宏江, 等. 2020. 两株淡水湖泊常见沉水植物共培养对斜生栅藻的抑制作用[J]. 生物学杂志, 37(3): 72-75.

唐全民, 陈峰, 向文洲, 等. 2008. 铵氮对铜绿微囊藻(Microcystis aeroginosa) FACHB905 的生长、生化组成和毒素生产的影响[J]. 暨南大学学报(自然科学版), 29(3): 290-294.

田如男, 孙欣欣, 魏勇, 等. 2011. 水生花卉对铜绿微囊藻、斜生栅藻和小球藻生长的影响[J]. 生态学杂志, 30(12): 2732-2738.

王培丽, 沈宏, 陈文捷, 等. 2011. 斜生栅藻对振荡和磷胁迫的生理生化响应[J]. 水生生物学报, 35(3): 443-448.

杨宏伟, 高光, 朱广伟. 2012. 太湖蠡湖冬季浮游植物群落结构特征与氮、磷浓度关系[J]. 生态学杂志, 31(1): 1-7.

杨柳, 章铭, 刘正文. 2011. 太湖春季浮游植物群落对不同形态氮的吸收[J]. 湖泊科学, 23(4): 605-611.

杨清心. 1996. 太湖水华成因及控制途径初探[J]. 湖泊科学, 8(1): 67-74.

张玮, 林一群, 郭定芳, 等. 2006. 不同氮、磷浓度对铜绿微囊藻生长、光合及产毒的影响[J]. 水生生物学报, 30(3): 318-322.

郑春艳, 张庭廷. 2008. 鞣花酸对铜绿微囊藻和斜生栅藻的生长抑制作用[J]. 安徽师范大学学报(自然科学版), 31(5): 469-472.

郑晓宇, 金妍, 任翔宇, 等. 2012. 不同氮磷浓度对铜绿微囊藻生长特性的影响[J]. 华东师范大学学报(自然科学版), (1): 11-18.

Abe K, Imamaki A, Hirano M. 2002. Removal of nitrate, nitrite, ammonium and phosphate ions from water by the aerial microalga *Trentepohlia aurea*[J]. Journal of Applied Phycology, 14(2): 129-134.

Chrost R J, Siuda W, Albrecht D, et al. 1986. A method for determining enzymatically hydrolyzable phosphate (EHP) in natural waters[J]. Limnology and Oceanography, 31(3): 662-667.

Dyhrman S T, Chappell P D, Haley S T, et al. 2006. Phosphonate utilization by the globally important marine diazotroph *Trichodesmium*[J]. Nature, 439(7072): 68-71.

Garbisu C, Hall D O, Serra J L. 1992. Nitrate and nitrite uptake by free-living and immobilized N-starved cells of *Phormidium laminosum*[J]. Journal of Applied Phycology, 4(2): 139-148.

Rodrigues M S, Ferreira L S, Converti A, et al. 2010. Fed-batch cultivation of *Arthrospira* (*Spirulina*) platensis: Potassium nitrate and ammonium chloride as simultaneous nitrogen sources[J]. Bioresource Technology, 101(12): 4491-4498.

Yang S L, Wang J, Wei C, et al. 2004. Utilization of nitrite as a nitrogen source by *Botryococcus braunii*[J]. Biotechnology Letters, 26(3): 239-243.

第7章　望虞河引水背景下硅酸盐变化对藻类生长的影响

硅是地壳中含量仅次于氧的元素，在自然力的侵蚀下，随着水流和风力进入水体。对于浮游植物来说，硅是硅藻等硅质生物生长繁殖的必需元素。Ittekkot等（2006）在书中记载，Egge和Aksnes通过围隔实验证实，当水体中溶解态硅（DSi）浓度超过2μmol/L时，硅藻一年四季都可以成为浮游植物优势种。河口地区的硅藻水华会在水体硅酸盐浓度小于2μmol/L时消失（Escaravage and Prins，2002）。

太湖沉积物中生物硅的记录表明，太湖磷负荷的增加，改变了湖体的营养结构，导致湖体硅藻的优势地位被蓝藻取代，并频繁暴发蓝藻水华（李军，2005）。孙凌等（2007）的围隔实验证实了硅含量变化对浮游植物群落演替的影响，随着围隔中硅酸盐浓度升高，硅藻的生物量得到提升，蓝藻和绿藻的比例有所下降，硅酸盐含量高的围隔中没有出现微囊藻水华。石晓丹（2010）也发现，向蓝藻占优的水体中添加硅，可以改变蓝藻占优的状态，而对于绿藻占优的水体，这一作用则不明显。

采用野外混合藻类样品获得的研究成果尚不能很好地解释硅浓度变化对浮游植物种类演替的影响。这是因为，虽然有足够的证据证实硅含量升高有利于硅藻生长，但是否同时还意味着对蓝藻或绿藻产生了生长抑制作用，目前尚不具备充足的证据。日本泰加湖在实施调水引流工程后，浮游植物优势种也由蓝藻门的微囊藻转变成硅藻门的小环藻，而且已经被证实这一转变不是由氮磷营养结构的改变引起的（Amano et al.，2010）。实际上，泰加湖引入水体的氮、磷含量比目前"引江济太"工程的氮、磷含量还要高。

为了更好地解释调水引流工程对藻类生长及浮游植物群落演替的作用机理，本章首先在不同磷浓度下，固定培养基的N/P，改变培养基中硅的含量，以批次培养的方式研究硅含量变化对铜绿微囊藻和斜生栅藻生长的影响，在此基础上，开展两种藻类对硅的耐受性实验研究，最后结合野外实际监测资料，进行调水引流工程抑制蓝藻水华的机理分析。

7.1　材料与方法

7.1.1　实验藻种

实验藻种铜绿微囊藻和斜生栅藻均购自中国科学院水生生物研究所淡水藻种库（武汉）。各藻种分别采用该藻种库提供的 BG-11、SE 培养基进行保种培养。培养温度为 25℃，光暗比（D：L）为 12h：12h，光照度为 36～54μmol/（m²·s），每天于光照阶段摇晃锥形瓶数次。

为了获得相同的培养环境，实验过程中采用修改后的 Allen 培养基（配方如表 5.1 所示）作为实验用培养基。实验前，将培养的藻种转接至实验用培养基中培养至对数生长期，常温下 3500r/min 离心 5min，去除上清液后用灭菌的纯净水冲洗藻体 3 次，以去除藻体表面吸附的营养盐。最后，用纯净水将藻种稀释至一定体积，摇匀并计数，供实验接种使用。

7.1.2　实验设置

太湖浮游植物的生长主要受磷的限制（杨清心，1996；黄文钰等，2003；杨宏伟等，2012）。因此，本章以磷浓度为基准，设置不同的硅磷比（Si/P），氮磷比（N/P）以藻类分子组成模式中氮和磷的原子比为 16：1、质量比（N/P）为 7.2：1 为基准。具体实验工况如表 7.1 所示。

表 7.1　硅含量变化对藻类生长影响的实验设置　　　　（单位：mg/L）

项目	参数值				
磷浓度	0.05	0.10	0.15	0.20	0.25
氮浓度	0.36	0.72	1.08	1.44	1.80
硅浓度	0.00	0.00	0.00	0.00	0.00
	0.18	0.36	0.54	0.72	1.44
	0.36	0.72	1.08	1.44	2.88
	0.72	1.44	2.16	2.88	5.76
	1.44	2.88	4.32	5.76	11.52
	2.88	5.76	8.64	11.52	23.04

7.1.3　水样硅含量的测定——杂多蓝法

1. 方法原理

该方法的原理是在 pH 约为 1.2 时，钼酸铵与水中的二氧化硅（SiO₂）及磷酸盐反应，生成杂多酸，再利用草酸破坏生成的磷钼酸盐，保留硅钼酸盐。使用还原剂将生成的硅钼酸盐还原成蓝色的杂多酸。在一定范围内，杂多酸颜色的深浅与水中能和钼酸盐起反应的 SiO_2 的浓度成正比。在波长 815nm 处测定处理液的吸光度，通过校准曲线求得样品中硅的含量。

仪器和试剂都可能增加水中 SiO_2 的含量，所以测定过程中尽量不用玻璃器皿和 SiO_2 含量较高的试剂。测定过程中需进行空白测定来校正外来的 SiO_2。

2. 仪器及试剂配制

（1）分光光度计：波长 815nm，具有 10mm 或以上的光程。

（2）50mL 比色管。

（3）钼酸铵试剂：溶解 10g $(NH_4) MoO_2 \cdot 4H_2O$ 于纯净水（蒸馏水）中，搅拌并微热，稀释至 100mL。如有必要，可以过滤。用不含 SiO_2 的氨水或 NaOH 调节 pH 至 7～8，贮存于聚乙烯瓶内，使之稳定（若 pH 未调节，会慢慢生成沉淀。若贮存于玻璃瓶中，会慢慢沥出 SiO_2，从而导致空白值较高）。

（4）草酸溶液：溶解 7.5g $H_2C_2O_4 \cdot 2H_2O$ 于纯净水（蒸馏水）中，稀释至 100mL。

（5）SiO_2 标准储备液：溶解 4.7334g $Na_2SiO_3 \cdot 9H_2O$ 于新制备的纯净水（或新煮沸并冷却的蒸馏水）中，配置成 1000mg/L 的 SiO_2 储液，溶液贮存于聚乙烯瓶中，密封。

（6）SiO_2 标准使用液：用新制备的纯净水（或新煮沸并冷却的蒸馏水），将 10mL 储备液稀释至 1000mL，贮存于聚乙烯瓶中，密封。该标准溶液中的 SiO_2 含量为 10mg/L。

（7）盐酸：1+1。

（8）还原剂：溶解 0.5g 1-氨基-2-萘酚-4-磺酸和 1g Na_2SO_3 于 50mL 纯净水中，必要时可稍微加热。将该溶液与溶有 30g $NaHSO_3$ 的 150mL 溶液混合。将混合后的溶液过滤到聚乙烯瓶，并放入冰箱内保存，以延长试剂的有效期。若溶液颜色变深，则停止使用。如果 1-氨基-2-萘酚-4-磺酸不能充分完全溶解或者刚配好颜色就变深，则说明 1-氨基-2-萘酚-4-磺酸不合格，需重新换药品。

3. 工作曲线的建立

（1）分别移取 SiO_2 标准溶液 0.00mL、0.10mL、0.50mL、1.00mL、3.00mL、5.00mL、7.00mL、10.00mL 于 50mL 比色管中，加纯净水稀释至标线。

（2）向各比色管中迅速连续加入 1.0mL 1+1 盐酸和 2.0mL 钼酸铵试剂。至少上下颠倒 6 次，使溶液充分混合，静置 5～10min。

（3）向静置好的比色管中加入 2.0mL 草酸溶液，彻底混合并开始计时，在 2～15min 内加入 2.0mL 1-氨基-2-萘酚-4-磺酸溶液，充分混匀。5min 后，于 815nm

波长处测定溶液的吸光度。

（4）以 SiO₂ 的含量对溶液的吸光度作图，获得工作曲线。

4. 样品的测定

取适量清澈透明的（或经 0.45μm 滤膜过滤）水样于 50mL 比色管中，按照工作曲线的建立过程进行操作，测定水中 SiO₂ 的含量。测定中以纯净水代替水样进行空白校正。

5. 样品中 SiO₂ 含量（mg/L）C 的计算

$$C = \frac{m}{V} \tag{7.1}$$

式中，m 为由工作曲线查得的 SiO₂ 含量，μg；V 为水样的体积，mL。

7.1.4 藻类生长抑制率计算

藻类生长抑制率（D）的计算如式（7.2）所示。

$$D = \left(1 - \frac{M_C}{M_R}\right) \times 100\% \tag{7.2}$$

式中，M_C 为控制组的生物量，万 cell/mL；M_R 为对照组的生物量，万 cell/mL。

7.2　结果与讨论

7.2.1　硅浓度变化对铜绿微囊藻生长的影响

铜绿微囊藻在不同实验条件下的生长曲线（图 7.1）和最大生物现存量差异显著性分析（表 7.2）表明，在 C_P=0.05mg/L 的实验条件下，Si/P 的升高首先表现出对铜绿微囊藻生长的抑制，当 C_{Si}=0.18mg/L（Si/P=3.6∶1）时，铜绿微囊藻的生物量较空白对照组已有所下降；当 C_{Si} 达到 0.36mg/L（Si/P=7.2∶1）后，铜绿微囊藻的生物量显著降低；C_{Si} 进一步升高至 1.44mg/L（Si/P=28.8∶1）后，硅对铜绿微囊藻的抑制作用不仅体现在生物量显著下降上，更显著地体现在生长期的缩短上。在 C_P=0.05mg/L、C_P=0.15mg/L 和 C_P=0.20mg/L 实验组，Si/P 升高对铜绿微囊藻生长的影响仅表现在生物量下降方面，并未表现出对铜绿微囊藻生长期的影响，且均在 Si/P 升高至 7.2∶1 以上时，硅增加对铜绿微囊藻生长的影响才开始显著显现。在 C_P=0.25mg/L 的实验条件下，Si/P=5.76∶1 对铜绿微囊藻生长的抑制作用同样较弱，生物量仅有小幅降低；随着 Si/P 升高，各实验组生物量的差异开始显现，生物量之间均表现出明显差异，尤其是 Si/P=92.16∶1 实验组的生物量仅为对照组的 37.2%。

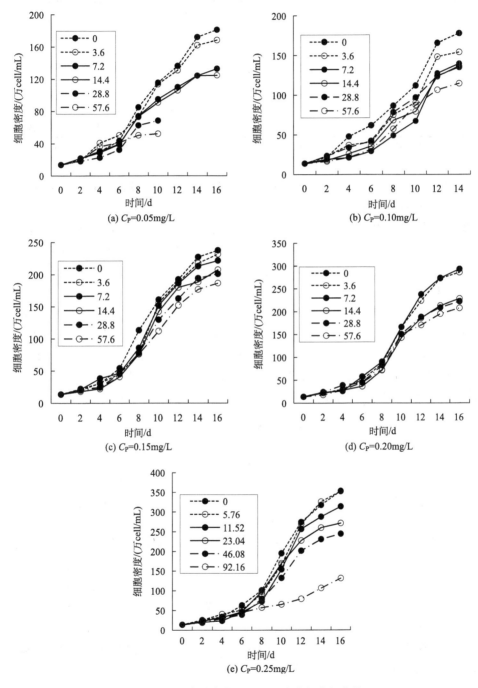

图 7.1 不同实验条件下铜绿微囊藻的生长曲线

表 7.2　不同实验条件下铜绿微囊藻的最大生物现存量差异显著性分析（单位：万 cell/mL）

Si/P	C_P=0.05mg/L	C_P=0.10mg/L	C_P=0.15mg/L	C_P=0.20mg/L	C_P=0.25mg/L
0∶1	181.1[a]	177.9[a]	237.5[a]	293.7[a]	353.1[a]
3.6∶1（5.76∶1）	168.3[a]	154.3[a]	231.6[a]	286.1[a]	352.1[a]
7.2∶1（11.52∶1）	132.9[b]	139.7[b]	221.6[b]	231.8[b]	313.5[b]
14.4∶1（23.04∶1）	124.7[b]	136.5[b]	207.5[c]	228.1[b]	271.2[c]
28.8∶1（46.08∶1）	68.7[c]	135.1[b]	201.1[c]	222.7[b]	244.3[d]
57.6∶1（92.16∶1）	52.3[d]	114.7[c]	186.5[d]	207.8[c]	131.5[e]

注：右上角字母相同表示差异性不显著，否则显著，显著性水平 α<0.05；括号内的为 C_P=0.25mg/L 时的 Si/P

实验数据显示，在 C_P=0.05～0.25mg/L 时，铜绿微囊藻在不同的 Si/P 下均可以生长，但是生长状况随实验条件的变化而呈现不同的变化。整体而言，最大生物现存量随着 Si/P 的增加呈显著下降趋势，说明 Si/P 的升高抑制了铜绿微囊藻的生长；磷浓度升高可以在一定程度上缓解 Si/P 对铜绿微囊藻生长的抑制作用。数据还表明，不同磷浓度下，硅浓度对铜绿微囊藻生长的抑制作用均需要在一定的 Si/P 实验组才能显著表现出来。在 C_P=0.05mg/L 的实验条件下，Si/P 对铜绿微囊藻生长的抑制作用不仅仅体现在生物量的降低上，更为明显的是体现在生长期的缩短上，而当 C_P≥0.10mg/L 后，Si/P 对铜绿微囊藻生长的抑制作用仅仅体现在生物量的降低上。可能的原因是：C_P=0.05mg/L 时，氮、磷供给量均处于最低水平，在营养盐匮乏的培养环境下，铜绿微囊藻原本的生长条件就较差，而硅浓度增加，更不利于铜绿微囊藻的生长。

7.2.2　硅浓度变化对斜生栅藻生长的影响

斜生栅藻在不同实验条件下的生长曲线（图 7.2）和最大生物现存量差异显著性分析（表 7.3）表明，在 C_P=0.05mg/L 的实验条件下，Si/P 的升高表现出对斜生栅藻生长的抑制，且在 C_{Si}=0.18mg/L（Si/P=3.6∶1）的情况下抑制作用已显著显现出来。随着 Si/P 进一步升高，抑制作用也进一步增强。在 C_P=0.10mg/L 的实验条件下，Si/P 升高表现出对斜生栅藻生长的抑制，抑制效应同样在 C_{Si}=0.18mg/L（Si/P=3.6∶1）的情况下显著显现出来。C_P=0.15mg/L 实验组的结果与 C_P=0.10mg/L 实验组的结果类似。在 C_P=0.20mg/L 的实验条件下，Si/P 升高对斜生栅藻生长的抑制作用在 Si/P=14.4∶1 时才显著显现，较 C_P=0.05mg/L、C_P=0.10mg/L 和 C_P=0.15mg/L 实验组有明显延后。在 C_P=0.25mg/L 实验条件下，Si/P 升高同样表现出对斜生栅藻生长的抑制，抑制作用在 Si/P=5.76∶1 的情况下显著显现，随着 Si/P 的升高，抑制作用进一步增强。

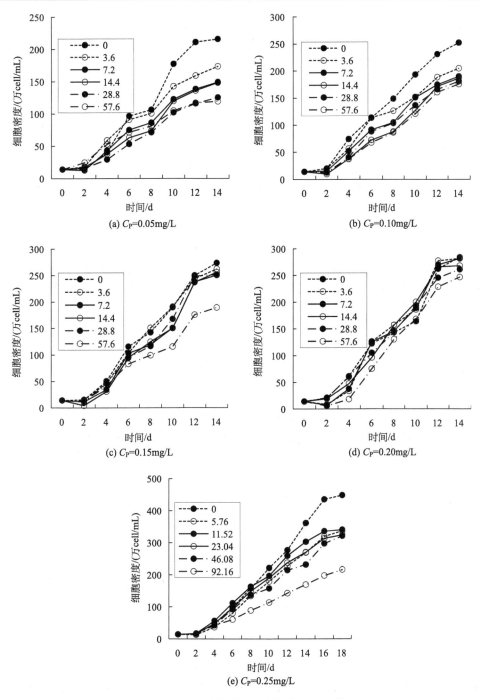

图 7.2 不同实验条件下斜生栅藻的生长曲线

表7.3 不同实验条件下斜生栅藻的最大生物现存量差异显著性分析（单位：万 cell/mL）

Si/P	C_P=0.05mg/L	C_P=0.10mg/L	C_P=0.15mg/L	C_P=0.20mg/L	C_P=0.25mg/L
0∶1	215.9[a]	252.3[a]	273.3[a]	283.5[a]	448.1[a]
3.6∶1（5.76∶1）	173.5[b]	204.7[b]	262.1[b]	281.2[a]	336.7[b]
7.2∶1（11.52∶1）	149.2[c]	189.8[c]	250.4[c]	281.2[a]	340.4[b]
14.4∶1（23.04∶1）	148.3[c]	186.5[c]	256.0[c]	267.7[b]	324.1[c]
28.8∶1（46.08∶1）	125.4[d]	180.9[cd]	251.3[c]	261.1[b]	320.8[c]
57.6∶1（92.16∶1）	119.4[d]	175.8[d]	189.3[d]	246.7[c]	215.9[d]

注：右上角字母相同表示差异性不显著，否则显著，显著性水平 α<0.05；括号内的为 C_P=0.25mg/L 时的 Si/P

实验数据显示，在 C_P=0.05～0.25mg/L 时，斜生栅藻在不同的 Si/P 下均可以生长，但是生长状况随实验条件的变化而呈现不同的变化。整体而言，最大生物现存量随着 Si/P 的增加呈显著下降趋势，说明 Si/P 升高抑制了斜生栅藻的生长；磷浓度升高可以在一定程度上缓解 Si/P 对斜生栅藻生长的抑制作用。实验数据还表明，不同磷浓度下，硅浓度对铜绿微囊藻生长的抑制作用均需要在一定的 Si/P 实验组才能显著表现出来。

本次实验表明，不同实验条件下，硅浓度变化对铜绿微囊藻和斜生栅藻的生长均产生了一定的影响，影响的程度和方式随着各实验组磷浓度的不同而不同，但是基本上存在一个抑制浓度。实验结果还表明，整体上硅浓度变化对铜绿微囊藻的影响较斜生栅藻强，尤其是在磷浓度较低（C_P=0.05mg/L）的情况下，硅对铜绿微囊藻的最大抑制率为 71.1%，对斜生栅藻生长的最大抑制率为 44.7%。当 C_P=0.10～0.20mg/L 时，硅对两种藻类的抑制率均有显著降低，但整体上仍表现为对铜绿微囊藻的抑制作用较强。这也可能是石晓丹（2010）的实验中硅浓度变化对蓝藻占优水体优势藻的影响较大的原因。

对比不同实验条件下的数据还可以发现，磷浓度升高似乎可以在一定程度上消除硅对蓝藻和绿藻的抑制作用，但是当水体的硅浓度远大于磷浓度时，硅还是能够显著抑制铜绿微囊藻和斜生栅藻的生长。由此可见，在短期内不能有效降低水体磷浓度的情况下，可以通过增加水体的硅含量来抑制蓝藻水华的发生，因而有必要研究高磷条件下蓝藻和绿藻对硅的耐受性。

7.2.3 高磷环境下铜绿微囊藻和斜生栅藻对硅的耐受性

不同实验条件下硅浓度变化影响铜绿微囊藻和斜生栅藻生长的实验结果表明，磷浓度升高会降低硅对两种实验藻类生长的抑制作用，但是硅浓度的升高仍可以显著抑制蓝藻和绿藻的生长。因此，研究高磷条件下铜绿微囊藻和斜生栅藻对硅的耐受性，可以为通过调节水体硅含量达到抑制蓝藻和绿藻生长的目的提供依据。

在 C_P=0.25mg/L 时，C_{Si}=11.52mg/L（Si/P=46.08∶1）实验组对铜绿微囊藻和斜生栅藻的生长均表现出明显的抑制作用。本章将 C_{Si}=11.52mg/L 设定为铜绿微囊藻和斜生栅藻在高磷条件下对硅的耐受性实验的起始浓度，在此基础上逐步提高培养基中硅的浓度，考察铜绿微囊藻和斜生栅藻的生长情况。

图 7.3 为高磷条件下铜绿微囊藻和斜生栅藻对硅的耐受性实验中的生长曲线。

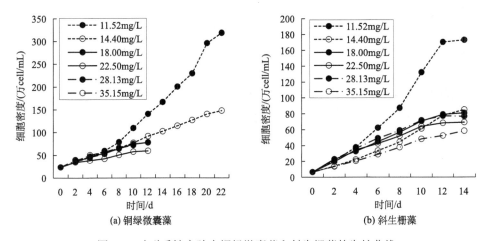

图 7.3　硅耐受性实验中铜绿微囊藻和斜生栅藻的生长曲线

铜绿微囊藻的生长曲线［图 7.3（a）］显示，即使在 C_P=0.25mg/L 的高磷条件下，铜绿微囊藻的生长随着硅浓度的升高还是受到了显著抑制。当 C_{Si}=14.40mg/L 时，铜绿微囊藻的生长已经开始受到显著抑制，表现为最大生物现存量较 C_{Si}=11.52mg/L 组显著降低，随着硅浓度升高至 18.00mg/L，不仅铜绿微囊藻的最大生物现存量显著降低，生长期也显著缩短，C_{Si}=28.13mg/L 和 35.15mg/L 实验组的生长期均为 10d。

斜生栅藻的生长曲线［图 7.3（b）］显示，在 C_P=0.25mg/L 的高磷条件下，斜生栅藻的生长随着硅浓度的升高同样受到显著抑制。同样是在 C_{Si}=14.40mg/L 时，斜生栅藻的生长开始受到显著抑制，最大生物现存量较 C_{Si}=11.52mg/L 组降低了大约 50%（49.3%）。斜生栅藻的最大生物现存量整体上随着硅浓度的升高而下降，C_{Si}=35.15mg/L 实验组的最大生物现存量约为 C_{Si}=11.52mg/L 实验组的 30%。对比相同实验条件下的铜绿微囊藻生长曲线可知，硅对斜生栅藻的生长期未产生显著影响，各实验组的斜生栅藻均具有相同的生长期。

7.2.4　硅浓度变化的作用分析

目前，关于太湖水体硅含量的研究成果还很少。李军（2005）的调查表明，2004年夏季太湖北部水体SiO_2含量在0.33～0.87mg/L，贡湖湾水体SiO_2含量最低，为0.33mg/L；许海（2008）对太湖流域不同水体硅含量的调查表明，不同水体的硅含量具有一定的季节变化规律，且不同水体的变化不同，流域内不同水体硅的含量在0.21～3.92mg/L，太湖的硅含量在0.79～2.47mg/L，均值为2.08mg/L，春季最低，冬、夏两季最高。

为了研究"引江济太"工程对湖区硅含量的影响，更好地从硅含量变化角度阐释"引江济太"工程抑制蓝藻水华的机理，于2013年1月望虞河引水期间在望虞河与贡湖湾设置采样点（图7.4），对水体的硅浓度进行了采样测定。在硅浓度变化影响藻类生长的实验中采用了正磷酸盐作为培养基的磷源，而且已有的很多关于藻类与磷的相关关系的研究多针对正磷酸盐或溶解性总磷，因此，本章以同时期区域内水体的溶解性总磷和磷酸盐浓度进行硅磷比变化分析。

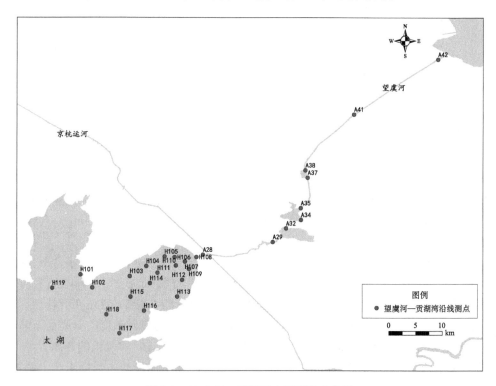

图7.4　2013年1月湖区水质采样点位置

2013 年 1 月水体硅浓度的监测结果（图 7.5）表明，望虞河沿线水体的硅酸盐浓度较高，在 3.24～3.66mg/L，均值为 3.43mg/L。贡湖水体的硅酸盐浓度呈现一定的空间分布差异，以西部区域的含量最高，浓度范围为 1.87～2.83mg/L，均值为 2.29mg/L；以东部区域的含量最低，浓度范围为 0.67～1.99mg/L，均值为 1.20mg/L；中部区域的含量居中，浓度范围为 0.33～3.12mg/L，均值为 2.08mg/L。由此可见，"引江济太"导致贡湖湾水体硅浓度有较大提升。

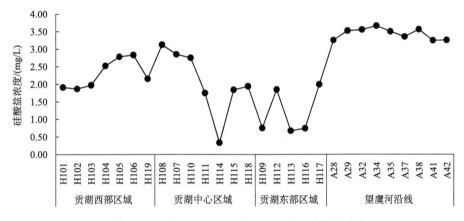

图 7.5　2013 年 1 月"引江济太"影响区水体硅浓度

图 7.6 为同期水体溶解性总磷和磷酸盐的监测结果。结果显示，望虞河沿线水体的溶解性总磷浓度范围为 0.039～0.100mg/L，均值为 0.061mg/L，磷酸盐的浓度范围为 0.014～0.051mg/L，均值为 0.027mg/L；贡湖西部区域水体的溶解性总磷浓度范围为 0.053～0.083mg/L，均值为 0.072mg/L，磷酸盐的浓度范围为 0.026～0.063mg/L，均值为 0.044mg/L；贡湖东部区域水体的溶解性总磷浓度范围为

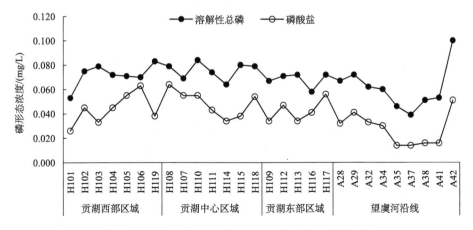

图 7.6　2013 年 1 月"引江济太"影响区水体磷浓度

0.058～0.072mg/L，均值为 0.068mg/L，磷酸盐的浓度范围为 0.034～0.056mg/L，均值为 0.042mg/L；贡湖中部区域水体的溶解性总磷浓度范围为 0.064～0.084mg/L，均值为 0.076mg/L，磷酸盐的浓度范围为 0.034～0.064mg/L，均值为 0.049mg/L。

　　图 7.7 为同期水体硅/溶解性总磷和硅/磷酸盐的监测结果。结果表明，望虞河沿线水体的硅磷比较高，硅/溶解性总磷的变化范围为 32.5～85.9，均值为 60.2，硅/磷酸盐的变化范围为 63.7～250.0，均值为 155.0；贡湖水体的硅磷比同样呈现一定的空间分布差异，以西部区域最高，硅/溶解性总磷的变化范围为 24.9～40.4，均值为 32.3，硅/磷酸盐的变化范围为 41.6～73.5，均值为 54.7；东部区域硅磷比最低，硅/溶解性总磷的变化范围为 9.3～27.6，均值为 17.4，硅/磷酸盐的变化范围为 18.1～39.4，均值为 26.9；中部区域硅磷比居中，硅/溶解性总磷的变化范围为 5.2～39.5，均值为 27.1，硅/磷酸盐的变化范围为 9.7～51.8，均值为 40.8。

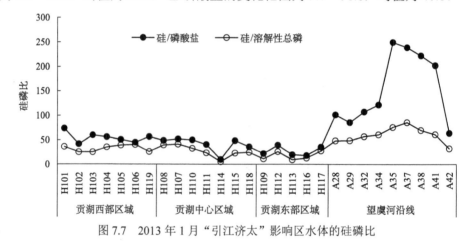

图 7.7　2013 年 1 月"引江济太"影响区水体的硅磷比

　　实际调研数据显示，2013 年 1 月"引江济太"期间，贡湖湾水体的溶解性总磷和磷酸盐的浓度变化范围分别为 0.053～0.084mg/L 和 0.026～0.063mg/L，均值分别为 0.072mg/L 和 0.045mg/L。湖区的 Si/P 得到了显著提升，尤其是容易发生蓝藻水华的贡湖湾西侧区域，这对于抑制蓝藻和绿藻的生长是非常有利的。

　　虽然实际调查资料显示"引江济太"工程提高了湖区水体的硅含量，室内实验也证实硅浓度升高可以抑制铜绿微囊藻的生长，但是由于调研期间蓝藻水华尚未开始，还不能从藻类群落变化方面证明硅浓度变化抑制了蓝藻水华的发生。中国科学院南京地理与湖泊研究所 2011 年的监测资料（表 7.4）表明，全年期贡湖湾的优势藻类为硅藻，即使是 5 月（2007 年太湖蓝藻水华发生时间），湖区仍以硅藻为优势种，这可能是因为 2011 年 1～6 月上旬，"引江济太"工程一直处于运行状态，6 月中下旬～10 月底，"引江济太"工程暂停后，各测点的蓝藻生物量均有显著升高，南泉水厂和上山村水厂附近水域的蓝藻超越硅藻成为优势种。

表 7.4　2011 年贡湖湾水源地及湖心区不同门类藻类所占百分比　　（单位：%）

时间	点位	硅藻门	蓝藻门	裸藻门	甲藻门	隐藻门	绿藻门	金藻门
1 月	锡东水厂	42	0	0	0	51	7	0
	贡湖湖心	42	0	0	0	53	5	0
	南泉水厂	55	2	0	0	41	2	0
	金墅水厂	39	2	31	0	24	4	0
	上山村水厂	85	0	0	0	4	11	0
3 月	锡东水厂	52	0	12	8	19	9	0
	贡湖湖心	48	0	23	17	12	0	0
	南泉水厂	84	0	0	0	16	0	0
	金墅水厂	16	0	5	6	9	64	0
	上山村水厂	49	8	0	8	18	17	0
4 月	锡东水厂	44	1	18	22	9	6	0
	贡湖湖心	50	0	7	22	17	4	0
	南泉水厂	100	0	0	0	0	0	0
	金墅水厂	16	1	9	71	2	1	0
	上山村水厂	88	0	0	0	0	12	0
5 月	锡东水厂	45	0	0	0	18	37	0
	贡湖湖心	63	0	11	0	18	8	0
	南泉水厂	44	0	0	0	1	55	0
	金墅水厂	25	0	0	0	74	1	0
	上山村水厂	94	0	0	0	0	6	0
8 月	锡东水厂	67	12	0	0	2	19	0
	贡湖湖心	36	13	0	8	10	33	0
	南泉水厂	3	71	0	16	6	4	0
	金墅水厂	36	52	0	0	11	1	0
	上山村水厂	0	46	29	0	25	0	0
9 月	锡东水厂	30	19	0	0	6	33	0
	贡湖湖心	25	25	0	0	16	34	0
	南泉水厂	4	89	0	0	0	7	0
	金墅水厂	24	13	19	4	5	35	0
	上山村水厂	27	50	0	0	23	0	0
10 月	锡东水厂	28	4	5	0	9	54	0
	贡湖湖心	17	3	0	40	21	19	0
	南泉水厂	31	44	0	9	12	4	0
	金墅水厂	25	11	16	10	28	10	0
	上山村水厂	19	59	6	3	5	8	0

　　硅是硅藻正常生长的必需元素，而相关研究表明，高 Si/P 可能对微囊藻水华有一定的抑制作用。"引江济太"工程提升了贡湖水体的硅含量，促进了硅藻的生长，使得硅藻成为藻类优势种。贡湖水体蓝藻的生物量在"引江济太"期间下降，而在工程暂停后显著回升，虽然在一定程度上能够说明硅含量升高在促进硅藻生长的同时对蓝藻的生长产生了抑制作用，但是由于缺乏同步的硅浓度监测资料，尚不能得到确定的结论。今后，在进行湖区藻类生物量测定的同时，建议开展水体硅含量的测定，为分析湖区藻类生物量，尤其是蓝藻生物量与水体硅含量的相关性积累基础资料，也为从水体硅浓度变化方面解释湖泊水体藻类群落变化提供参考依据。

7.3　结　　论

　　为了研究水体硅浓度变化对富营养化藻类生长的影响，进一步揭示调水引流工程抑制蓝藻水华的机理，本章首先进行了室内实验，考察不同磷浓度下培养基中硅浓度变化对铜绿微囊藻和斜生栅藻生长的影响，随后研究了高磷条件下两种藻类对硅的耐受性，最后，结合野外实际监测资料，分析了"引江济太"工程引起的硅浓度变化对湖区藻类群落演替的影响，主要结论如下。

　　（1）硅浓度变化对铜绿微囊藻和斜生栅藻的生长均可产生一定的影响，影响的程度和方式随着各实验组磷浓度的不同而不同，但是基本上会存在一个抑制浓度；硅浓度变化对铜绿微囊藻的影响较斜生栅藻强，尤其是在磷浓度较低（$C_P=0.05\text{mg/L}$）的情况下；磷浓度升高不利于硅对铜绿微囊藻和斜生栅藻抑制作用的发挥，为了充分发挥硅对蓝藻和绿藻的抑制作用，需要采取措施降低水体的磷浓度。

　　（2）铜绿微囊藻和斜生栅藻对硅的耐受性相当，具有相近的耐受阈值，但是硅对两种藻类表现出不同的抑制机理，硅对铜绿微囊藻的抑制不仅表现在细胞的分裂速率上，还表现在生长期方面，对斜生栅藻的抑制则仅表现在细胞的分裂速率方面。

　　（3）"引江济太"工程提升了贡湖水体的硅酸盐含量，在有效促进水体硅藻生长的同时还有效抑制了蓝藻的生长；硅浓度升高对蓝藻的抑制可能是调水引流抑制蓝藻水华的机理之一。

参 考 文 献

黄文钰, 高光, 舒金华, 等. 2003. 含磷洗衣粉对太湖藻类生长繁殖的影响[J]. 湖泊科学, 15(4): 326-330.

李军. 2005. 长江中下游地区浅水湖泊生源要素的生物地球化学循环[D]. 北京: 中国科学院研

究生院.

石晓丹. 2010. 长江三角洲典型湖泊硅的赋存规律及其对富营养化的作用机制研究[D]. 南京: 河海大学.

孙凌, 金相灿, 杨威, 等. 2007. 硅酸盐影响浮游藻类群落结构的围隔试验研究[J]. 环境科学, 27(10): 2174-2179.

许海. 2008. 河湖水体浮游植物群落生态特征与富营养化控制因子研究[D]. 南京: 南京农业大学.

杨宏伟, 高光, 朱广伟. 2012. 太湖蠡湖冬季浮游植物群落结构特征与氮、磷浓度关系[J]. 生态学杂志, 31(1): 1-7.

杨清心. 1996. 太湖水华成因及控制途径初探[J]. 湖泊科学, 8(1): 67-74.

Amano Y, Sakai Y, Sekiya T, et al. 2010. Effect of phosphorus fluctuation caused by river water dilution in eutrophic lake on competition between blue-green alga *Microcystis aeruginosa* and diatom *Cyclotella* sp. [J]. Journal of Environmental Sciences, 22(11): 1666-1673.

Escaravage V, Prins T C. 2002. Silicate availability, vertical mixing and grazing control of phytoplankton blooms in mesocosms[J]. Hydrobilogia, 484(1-3): 33-48.

Ittekkot V, Unger D, Humborg C, et al. 2006. The Silicon Cycle: Human Perturbations and Impacts on Aquatic Systems[M]. Washington D. C.: Island Press.

第8章 调水引流对太湖浮游藻类群落的影响

湖泊不仅为人类社会提供了水资源和生态服务，还反映了区域水生生态系统的生态健康状况（Scheffer，1997）。受人类活动（Ali et al.，2019）和气候变化的影响，湖泊富营养化进程加快，这引发了蓝藻水华、植被退化、多样性减少等一系列生态问题，严重威胁着湖泊的供水功能和生态平衡（Paerl et al.，2016）。为应对蓝藻水华危害，恢复湖泊生态系统，机械打捞、植物修复、鱼类捕食等多种对策（Cooke et al.，2016；Jeppesen et al.，2007；Qin，2009），以及引水、生态清淤等多种工程措施（Hu et al.，2008；Lürling and Faassen，2012）已经得到应用。在这些措施中，从河流向湖泊引水受到了科学家和湖泊流域管理部门的极大关注，主要是因为其能快速有效地缓解蓝藻水华，同时也是改善水质、防止或缓解许多湖泊生态恶化普遍而快速的措施，包括美国的格林湖（Oglesby，1968）、荷兰的费吕沃湖（Jagtman et al.，1992）、美国的摩西湖（Welch et al.，1992）、日本的泰加湖（Amano et al.，2010）、中国的玄武湖（Song et al.，2018）和西湖（Zhang et al.，2018）等。

在我国太湖、洪泽湖、巢湖、滇池等大型富营养湖泊中，引水工程已成为缓解有害蓝藻水华诱发的生态和饮用水危机的常用工程措施。近年来，引水工程对大型富营养湖泊的生态效应也引起了人们的极大关注（Dai et al.，2016；Dai et al.，2018；Hu et al.，2008；Huang et al.，2015，2016；Li et al.，2011，2013；Liu et al.，2014；Yu et al.，2018）。目前，该领域的研究大多集中在引水工程的水动力和水环境效应上，如对水位（Hu et al.，2008）、水龄（Huang et al.，2016；Li et al.，2011；Zhang et al.，2016）、流场（Hu et al.，2008；Li et al.，2013）、水质（Dai et al.，2016；Hu et al.，2010；Liu et al.，2014）及基于水质的生态健康（Zhai et al.，2010）影响。只有少数研究涉及大型富营养湖泊引水带来的生物效应相关问题（Huang et al.，2015；Lin et al.，2017）。作为湖泊中丰富而活跃的生物群落，浮游藻类对营养水平和水动力扰动等环境条件具有敏感性（Schwalb et al.，2013；Yang et al.，2016）。反之，浮游藻类群落结构也可以反映环境变化，被认为是反映引水等外部干扰引起的水生生态系统演变的合适指标（Yang et al.，2017）。

引水对湖泊的生态水文效应主要与入湖水体的水动力扰动、外源营养物质输入和外来生物物种三大因素有关。引水可以缩短湖泊的换水周期（Li et al.，2011，2013），改变湖流流场，从而影响一些小型湖泊营养物质和生物群落的迁移、转化和分布（Oglesby，1968；Jagtman et al.，1992；Welch et al.，1992；Hosper，1998；

Amano et al.，2010）。但对于大型富营养湖泊，其水力停留时间一般都很长，有限的入湖流量不能明显缩短湖泊的换水周期。例如，对于太湖来说，其换水周期几乎都在 200 天以上，低于 150m³/s 的入湖流量对湖泊的换水周期影响不大（Li et al.，2011）。由于引水入湖的上游来水一般都有很大的营养负荷，上游来水的外源输入会加快富营养化水体中浮游藻类的原位生长，从而对湖泊浮游藻类群落结构演替过程发挥更重要的作用（Swarbrick et al.，2019）。此外，入湖水体带来的外源浮游藻类物种也会直接影响湖泊中的浮游藻类群落。在国内，人们常常关注引水工程带来的营养物质输入对湖泊生态环境的影响。然而，引水工程的异源营养输入在多大程度上导致了浮游藻类群落的变化，目前还不清楚。

太湖位于长江下游，是我国第三大浅水富营养淡水湖。为满足太湖流域的用水需求，应对太湖蓝藻水华频发，2002 年启动了"引江济太"工程，并从 2007年开始常态化运行（Qin et al.，2019）。水利部太湖流域管理局负责调控"引江济太"工程，根据太湖实时平均水位制定调度规则。通常情况下，当太湖实时平均水位低于调度控制水位时，由望虞河输入长江来水，待望虞河水质达到或优于地表水水质Ⅲ类标准后，再经望虞河引水入太湖。过去的许多研究表明，"引江济太"工程的季节性引水活动可以改善太湖的水环境，但也增加了部分地区硝酸盐和总磷等营养物质的负荷（Dai et al.，2018；Hu et al.，2008，2010）。然而，鲜有研究探讨季节性引水活动引起的理化生境变化对太湖受水区浮游藻类群落的影响。

本研究以"引江济太"工程为例，对太湖受水区浮游藻类群落和理化参数进行调查，并对不同季节引水期和非引水期的生物和非生物变量进行比较。对于后者，我们采用多元统计分析。在此基础上，我们研究三个问题：①不同季节短期引水对受水湖泊浮游藻类群落和理化生境的影响；②引水引起的理化生境变化与浮游藻类群落之间的关系；③引水期间，外源浮游藻类物种和理化生境干扰对湖泊浮游藻类群落的贡献。本研究结果有助于阐明引水对太湖等大型富营养湖泊蓝藻水华的积极和消极影响，为了解引水对大型富营养湖泊的短期生态效应提供证据。

8.1　材料与方法

8.1.1　研究区域与采样点位分布

本研究采用的方法示意图如图 8.1 所示。太湖是太湖流域地理和水资源的调蓄中心。望虞河是"引江济太"工程的主要引水通道之一，直接连接长江和太湖（图 8.2）。常熟和望亭水利枢纽是两个主要控制工程，分别调节长江水的输入和望虞河流入贡湖湾的水量。贡湖湾位于太湖东北部，面积 150km²，多年平均水深为

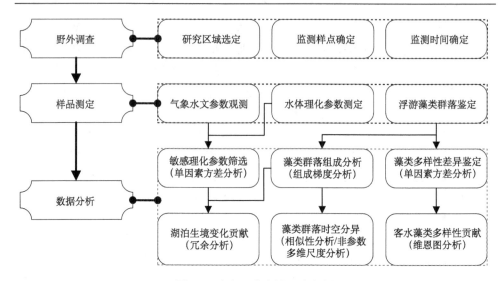

图 8.1　本章研究方法及流程图

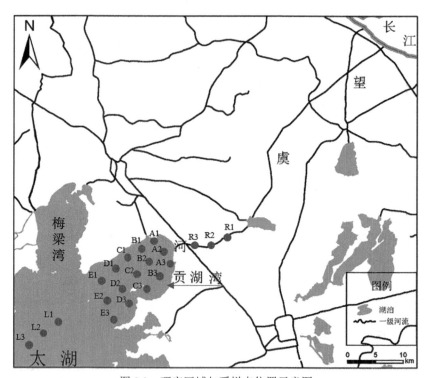

图 8.2　研究区域与采样点位置示意图

R1～R3 为望虞河上点位，A1～A3、B1～B3、C1～C3、D1～D3、E1～E3 位于贡湖湾，L1～L3 位于湖心区

1.8m（钟春妮等，2012）。贡湖湾西南部连接湖心和梅梁湾，是太湖最大的富营养化湖湾。自 2005 年起，大量蓝藻开始覆盖贡湖湾大部分水域，2007 年蓝藻水华覆盖区域面积有明显增加（Qin et al.，2010）。近年来，在全流域综合治理的推动下，贡湖湾水质显著改善，已成为太湖流域无锡市和苏州市的主要饮用水源之一。

本研究采样点位于太湖望虞河（R1～R3）、贡湖湾（A1～E1、A2～E2 和 A3～E3）和湖心区（L1～L3）（图 8.2）。R1～R3 位于望亭水利枢纽上游，用于研究入湖水体特征。在贡湖湾布置采样点，意在研究引水期从望虞河口到湖心区的理化参数和生物指标的梯度。由于湖心区与贡湖湾相邻且开放，贡湖湾与湖心区之间存在着水力、营养物质和藻类物种的交流。与贡湖湾相比，湖心区受引水影响较小。在湖心区布设采样点的目的是阐明湖心区对贡湖湾浮游藻类群落变化的潜在贡献。考虑到采样点需覆盖整个研究区域，以湖区每个点位间隔 2km 进行布设。

8.1.2 样品采集与理化指标监测

由于太湖地处长江中下游地区，故而本研究分别将每年的 1 月、4 月、8 月、11 月作为冬、春、夏、秋的代表月份。根据 2013 年、2014 年、2015 年"引江济太"工程的调度运行情况，2013 年的 8 月和 2014 年、2015 年的 1 月、11 月均处于引水期。其他月份均为非引水期。于 2013～2015 年，在每个选定月份中旬的一天（表 8.1），从每个采样点采集 2L 地表水样（水面下 50cm）。在这 2L 水样中，用 15mL 1%质量浓度的鲁哥试剂固定 1L 水样，用于浮游藻类群落的鉴定。各地采集的水样用无菌塑料瓶保存，24h 内运至实验室进行分析。采样时间为每天 9 时开始。

表 8.1 2013～2015 年采样日调查区域的天气和水文参数

采样日期	风向	风速/（m/s）	是否有雨	水位/m	累计引水量/10^8m^3	引水持续时间/d	平均引水流量/（m^3/s）
2013-01-10	东	3～4	否	3.3	—	10 天后开始引水	—
2013-04-15	南	3～4	否	3.1	—	—	—
2013-08-18	东南	5～7	否	3.1	2.12	22	111.5
2013-11-20	东	4～6	否	3.2	—	引水结束后 10 天	—
2014-01-14	东北	2～3	否	3.0	3.32	45	85.4
2014-04-23	东南	5～7	否	3.2	—	—	—
2014-08-19	东南	7～8	否	3.7	—	—	—
2014-11-21	西南	2～3	否	3.2	0.97	27	41.6
2015-01-17	北	3～4	否	3.1	4.70	74	73.5
2015-04-21	东南	2～3	否	3.4	—	—	—
2015-08-19	东南	3～4	否	3.6	—	—	—
2015-11-24	东	1～2	否	3.5	0.66	13	58.8

　　采样期间，望虞河入湖水量和太湖水位数据采集自 2013 年、2014 年、2015 年《太湖流域引江济太年报》（太湖流域管理局，2013，2014，2015）。各采样点的风向和风速采用手持式风速仪 NK 4500（Kestrel，美国）进行现场测量。水温、pH、溶解氧（DO）、浊度均采用便携式多参数检测仪 HQ30d（HACH，中国上海）进行现场测量。总氮（TN）、总磷（TP）、氨氮（NH_4^+-N）、硝酸盐（NO_3^--N）、可溶性活性磷（SRP）、高锰酸盐指数（COD_{Mn}）、溶解性硅酸盐（SiO_3^{2-}-Si）、叶绿素 a（Chl-a）均在实验室按照金相灿和屠清瑛（1990）的方法测定。

8.1.3　藻类群落鉴定

　　将每个采样点的 1L 鲁哥试剂固定水样转移到分离漏斗中，静置 24h 后，收集 50mL 沉淀的底样存放在无菌玻璃瓶中，在暗处保存至浮游藻类鉴定开始前（金相灿和屠清瑛，1990）。将 0.1mL 的浓缩样品注入藻类计数盒中，放入光学显微镜 Axiovert 200（Carl Zeiss，德国 Jena），均匀地采集 100 个随机视图。这些随机视图用于识别浮游藻类的种类，并在 T300 藻类智能识别软件（Shineso，中国杭州）的帮助下计算细胞数。每个样品重复此过程三次。浮游藻类种类的鉴定按照胡鸿钧和魏印心（2006）的方法进行。

8.1.4　数据分析

　　采用 PRIMER-e 软件（Quest Research Limited，Auckland，New Zealand）计算每个样品的浮游藻类多样性指数(物种数和 Shannon-Wiener 指数 H')。使用 SPSS 16.0 统计学软件（IBM，Armonk，USA），采用单因素方差分析法比较引水期和非引水期贡湖湾理化参数和浮游藻类多样性指数的差异。采用 VennPainter 软件（Lin et al.，2016）绘制 Venn 图，确定望虞河浮游藻类物种对贡湖湾的潜在贡献。利用 SigmaPlot 12.5 软件（Systat Software Inc.，London，UK）绘制从望虞河（A1～A3 站点）到湖心区（L1～L3 站点）浮游藻类群落组成的平均相对比例梯度图。

　　采用相似性分析（ANOSIM）方法（Fanini and Lowry，2016）对贡湖湾三年（2013 年、2014 年和 2015 年）同一季节间浮游藻类群落的相似性进行分析，并利用 PRIMER-e 软件采用非参数多维尺度（NMDS）方法进行绘制。对于 NMDS 分析，首先利用所有样本属级细胞数构建的矩阵数据进行对数 $\lg(x+1)$ 变换，然后利用布雷-柯蒂斯（Bray-Curtis）相似性指数重新组合。利用 Canoco 5 软件（赖江山，2013）进行冗余分析（RDA），以揭示所研究的理化参数对湖泊浮游藻类群落的相关性和贡献。计算结果的显著性（$p<0.05$）通过非限制性蒙特卡洛检验法进行验证。

8.2　研　究　结　果

8.2.1　调水引流对湖泊理化参数的影响

采样期间，采样区域无雨，湖面风速大多低于 4m/s。冬季引水期至采样日累计引水量高于贡湖湾年平均蓄水量（约 $2.70 \times 10^8 \, m^3$），夏、秋季引水期至采样日累计引水量较低（表 8.1）。夏季引水期的平均引水流量（111.5m³/s）高于冬季（85.4m³/s 和 73.5m³/s）和秋季引水期（41.6m³/s 和 58.8m³/s）。

各季节引水期与非引水期 pH、SiO_3^{2-}-Si、TN、NO_3^--N、TP 和 COD_{Mn} 的浓度分别存在显著差异（单因素方差分析，$p \leqslant 0.05$；图 8.3）。由于望虞河与太湖湖心区的理化参数存在显著差异，不同季节的引水活动明显降低了 pH 和 COD_{Mn}，增加了 SiO_3^{2-}-Si、TN、NO_3^--N 和 TP 的含量。

8.2.2　调水引流对湖泊浮游藻类多样性的影响

不同采样日望虞河和贡湖湾的平均多样性均显著高于湖心区的多样性（单因素方差分析，$p < 0.05$；图 8.4）。对于不同年份同一季节的贡湖湾，引水期的两项多样性指数（即浮游藻类物种数和 Shannon-Wiener 指数）均显著高于非引水期的多样性指数[单因素方差分析，$p < 0.05$；图 8.4（a）和图 8.4（b）]，但是 1 月的结果除外。本研究中，引水期或非引水期之间的多样性指数均没有显著的差异（单因素方差分析，$p > 0.05$；图 8.4）。

在 2014 年 1 月、2015 年 1 月、2013 年 8 月、2014 年 11 月和 2015 年 11 月的引水期，仅在贡湖湾发现的特有属分别占贡湖湾浮游藻类总体多样性的17.4%[图 8.5（a）]、12.0%[图 8.5（b）]、23.1%[图 8.5（c）]、15.8%[图 8.5（d）]和 31.3%[图 8.5（e）]。此外，望虞河和贡湖湾之间发现的浮游藻类显示，来自望虞河的潜在外源种属在上述引水期分别占贡湖湾浮游藻类总体多样性的 0.0、8.3%、7.7%、15.8%和 0.0。

不同季节引水期，在贡湖湾只发现了隶属于蓝藻门、绿藻门、硅藻门、金藻门、黄藻门的藻种，但这些藻种在细胞丰度上的相对比例均低于 1.0%（表 8.2）。引水期这些藻都不是贡湖湾的优势藻。有几个属，如韦斯藻属、扁裸藻属、节旋藻属、多芒藻属、长篦藻属、纤维藻属和黄群藻属等，在不同季节的引水期仅在望虞河和贡湖湾之间有重叠。

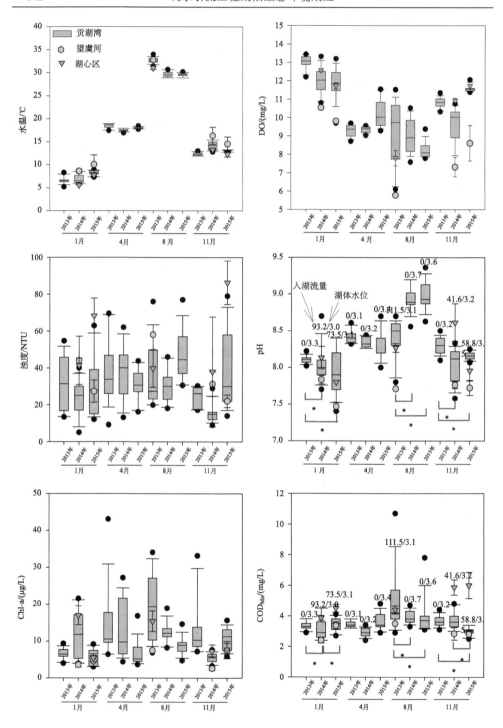

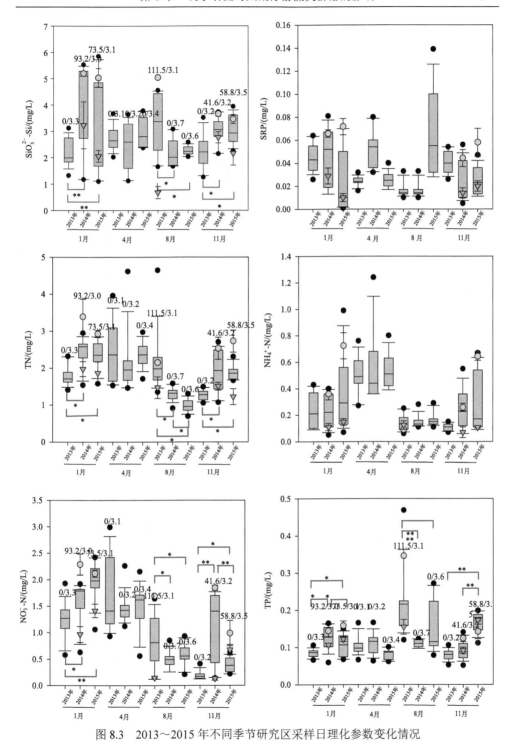

图 8.3　2013～2015 年不同季节研究区采样日理化参数变化情况

*表示不同年份采样日贡湖湾水质参数均值差异明显（单方差检验，$p<0.05$）；**表示差异非常显著（$p<0.01$）

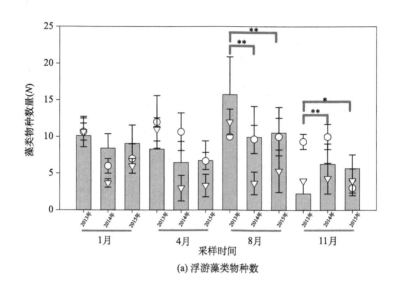

(a) 浮游藻类物种数

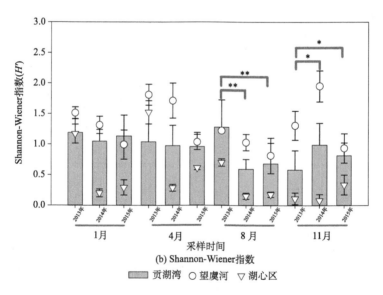

(b) Shannon-Wiener 指数

▭ 贡湖湾　○ 望虞河　▽ 湖心区

图 8.4　2013～2015 年研究区相同季节浮游藻类物种数和 Shannon-Wiener 指数对比

*表示不同年份采样日贡湖湾水质参数均值差异明显（单方差检验，$p<0.05$）；**表示差异非常显著（$p<0.01$）

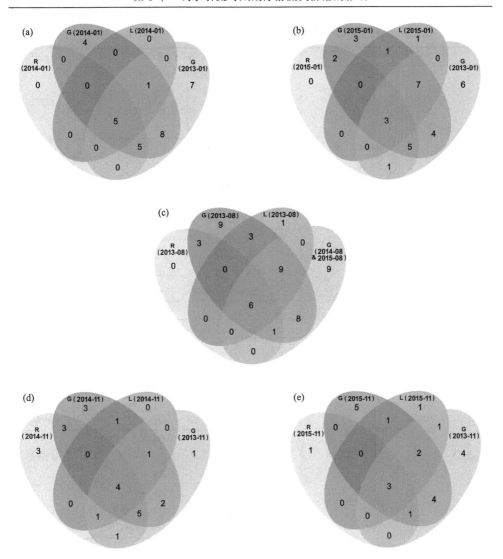

图 8.5　1 月（a、b）、8 月（c）和 11 月（d、e）引水期和非引水期不同区域特有种和共有种
Venn 图

R、G 和 L 分别代表望虞河、贡湖湾和湖心

　　1 月和 11 月，无论是在引水期还是在非引水期，望虞河中的直链藻属、小环藻属的相对比例均明显高于贡湖湾（表 8.2）。8 月，望虞河中的节旋藻属（46.7%）和颤藻属（40.2%）是望虞河蓝藻门的优势种属，引水期和非引水期的相对比例均明显高于贡湖湾（表 8.2）。

表 8.2　研究区不同季节引水期的藻属名称、所属门类及其平均相对比例

调水时间	组别（x）*	藻属（a，b，c）	门类
2014-01-14	GB（4）	韦斯藻属（0，2.0%，0）	绿藻门
		四球藻属（0，0.3%，0）	
		月牙藻属（0，0.08%，0）	
		顶棘藻属（0，0.2%，0）	
	WR-GB（0）	—	—
	WR-GB-O（10）	微囊藻属（24.8%，25.3%，20.3%）	蓝藻门
		小球藻属（5.8%，5.3%，3.0%）	绿藻门
		十字藻属（2.8%，2.7%，0.05%）	
		衣藻属（0.7%，0.06%，2.0%）	
		舟形藻属（2.3%，0.6%，0.8%）	硅藻门
		针杆藻属（0.7%，2.2%，2.2%）	
		直链藻属（25.5%，24.0%，21.9%）	
		小环藻属（32.9%，27.9%，7.0%）	
		隐藻属（3.9%，3.3%，12.9%）	隐藻门
		鱼鳞藻属（0.7%，0.3%，0.3%）	金藻门
2015-01-17	GB（3）	空球藻属（0，0.3%，0）	绿藻门
		四粒藻属（0，0.4%，0）	
		布纹藻属（0，0.6%，0）	硅藻门
	WR-GB（2）	韦斯藻属（5.7%，2.0%，0）	绿藻门
		扁裸藻属（0.4%，1.0%，0）	裸藻门
	WR-GB-O（8）	小球藻属（10.4%，2.1%，3.0%）	绿藻门
		纤维藻属（0.4%，0.7%，0.6%）	
		弓形藻属（1.6%，0.3%，0.1%）	
		舟形藻属（0.8%，0.3%，0.8%）	硅藻门
		针杆藻属（3.6%，3.8%，2.2%）	
		小环藻属（70.4%，56.2%，7.0%）	
		隐藻属（4.7%，1.5%，12.9%）	隐藻门
		黄群藻属（0.7%，0.7%，0.7%）	金藻门
2013-08-18	GB（9）	平裂藻属（0，11.0%，0）	蓝藻门
		小尖头藻属（0，0.02%，0）	
		韦斯藻属（0，3.3%，0）	绿藻门
		卵形藻属（0，0.02%，0）	
		纤维藻属（0，0.03%，0）	
		弓形藻属（0，0.01%，0）	
		集星藻属（0，0.3%，0）	
		脆杆藻属（0，0.02%，0）	硅藻门
		锥囊藻属（0，0.03%，0）	金藻门

续表

调水时间	组别（x）*	藻属（a，b，c）	门类
2013-08-18	WR-GB（3）	节旋藻属（46.7%，4.4%，0）	蓝藻门
		多芒藻属（0.2%，0.02%，0）	绿藻门
		长篦藻属（0.2%，0.05%，0）	硅藻门
	WR-GB-O（7）	伪鱼腥藻属（3.3%，4.6%，1.9%）	蓝藻门
		颤藻属（40.2%，9.2%，4.0%）	
		盘星藻属（1.9%，0.7%，2.6%）	绿藻门
		针杆藻属（1.2%，0.3%，0.1%）	硅藻门
		直链藻属（0.7%，3.1%，1.0%）	
		小环藻属（3.3%，1.5%，0.4%）	
		隐藻属（0.2%，0.4%，0.01%）	隐藻门
2014-11-21	GB（3）	四角藻属（0，0.2%，0）	绿藻门
		弓形藻属（0，0.1%，0）	
		小型黄丝藻（0，0.6%，0）	黄藻门
	WR-GB（3）	纤维藻属（2.6%，0.3%，0）	绿藻门
		扁裸藻属（0.5%，0.2%，0）	裸藻门
		黄群藻属（7.1%，0.5%，0）	金藻门
	WR-GB-O（9）	微囊藻属（1.0%，60.2%，77.1%）	蓝藻门
		小球藻属（9.7%，1.1%，2.1%）	绿藻门
		栅藻属（4.1%，2.2%，5.0%）	
		舟形藻属（1.0%，0.2%，0.02%）	硅藻门
		针杆藻属（5.1%，1.7%，0.7%）	
		直链藻属（27.3%，14.6%，8.4%）	
		小环藻属（12.1%，3.1%，2.2%）	
		隐藻属（13.8%，6.3%，3.6%）	隐藻门
		鱼鳞藻属（1.0%，0.2%，0.2%）	金藻门
2015-11-24	GB（5）	卵形藻属（0，0.1%，0）	绿藻门
		新月藻属（0，0.6%，0）	
		桥弯藻属（0，0.1%，0）	硅藻门
		圆筛藻属（0，0.06%，0）	
		扁裸藻属（0，0.06%，0）	裸藻门
	WR-GB（0）	—	—
	WR-GB-O（4）	舟形藻属（6.1%，1.9%，0.02%）	硅藻门
		针杆藻属（9.7%，3.8%，0.7%）	
		直链藻属（38.2%，11.4%，8.4%）	
		小环藻属（27.9%，30.6%，2.2%）	

注：GB 表示该物种引水期仅在贡湖湾发现；WR-GB 表示该物种引水期在望虞河与贡湖湾同时发现；WR-GB-O 表示该物种在望虞河及其他区域均有发现；*括号中的数字为该组中浮游藻类种属的数量；a、b、c 分别表示引水期望虞河、贡湖湾和非引水期贡湖湾种属的平均相对比例

8.2.3　调水引流对湖泊浮游藻类丰度与群落组成的影响

图 8.6 显示了每个采样日浮游藻类细胞总丰度和群落组成的空间变化。在不同季节的采样日，共采集到 8 个门类的浮游藻类，包括蓝藻门、绿藻门、硅藻门、隐藻门、裸藻门、甲藻门、金藻门和黄藻门。

1 月，贡湖湾非引水期浮游藻类总藻细胞丰度均值[图 8.6（a）]明显高于引水期贡湖湾浮游藻类总藻细胞丰度均值[图 8.6（b）和 8.6（c）；单因素方差分析，$p<0.05$]。引水期，贡湖湾以硅藻为主[图 8.6（b）和 8.6（c）]，而在非引水期，蓝藻的数量更多[图 8.6（a）]。

4 月，在所有的采样日中，贡湖湾和湖心的蓝藻都占主导地位[图 8.6（d）、图 8.6（e）和图 8.6（f）]。8 月，2013 年引水期[图 8.6（g）]和 2015 年非引水期[图 8.6（i）]贡湖湾浮游藻类细胞平均丰度明显低于 2014 年非引水期[图 8.6（h）；单因素方差分析，$p<0.05$]。在引水期和非引水期，三个采样区域的蓝藻都占优势[图 8.6（g）、图 8.6（h）和图 8.6（i）]。

11 月，贡湖湾浮游藻类总藻细胞丰度在三个采样期之间没有显著差异[图 8.6（j）、图 8.6（k）和图 8.6（l）；单因素方差分析，$p>0.05$]。在 2013 年非引水期，贡湖湾中硅藻的平均相对比例[图 8.6（j）]明显低于 2014 年和 2015 年两个引水期[图 8.6（k）和图 8.6（l）；单因素方差分析，$p<0.05$]。

虽然在 8 月引水和非引水期间，所研究水域都是蓝藻占优势，但引水期望虞河和贡湖湾的优势种属与非引水期不同（图 8.7）。在引水期，望虞河和贡湖湾大部分水域以浮丝藻属、平裂藻属、节旋藻属为主[图 8.7（a）]，而微囊藻属是夏季非引水期三个水域的绝对优势种属[图 8.7（b）和图 8.7（c）]。

根据 NMDS 和 ANOSIM 的结果，贡湖湾浮游藻类群落结构在各季节的引水期和非引水期之间存在显著差异[图 8.8（a）、图 8.8（b）和图 8.8（c）]，但是 2013 年 11 月和 2014 年 11 月的群落结构比较结果除外[图 8.8（d）]。在 1 月和 8 月，引水期与非引水期之间 ANOSIM 的 R 值相对高于各季节非引水日之间的 R 值[图 8.8（a）和图 8.8（c）]。

8.2.4　浮游藻类群落与水环境变化间的耦联关系

1 月，水温、TN、NH_4^+-N 和 SRP 与贡湖湾浮游藻类群落变化显著相关[图 8.9（a）]。8 月，pH、TN、水温和溶解性硅酸盐是与贡湖湾浮游藻类群落变化显著相关的理化参数[图 8.9（b）]。11 月，所有采样日的水温、TN、SRP、pH 和 NO_3^--N 与贡湖湾浮游藻类群落的变化有显著的相关性[图 8.9（c）]。

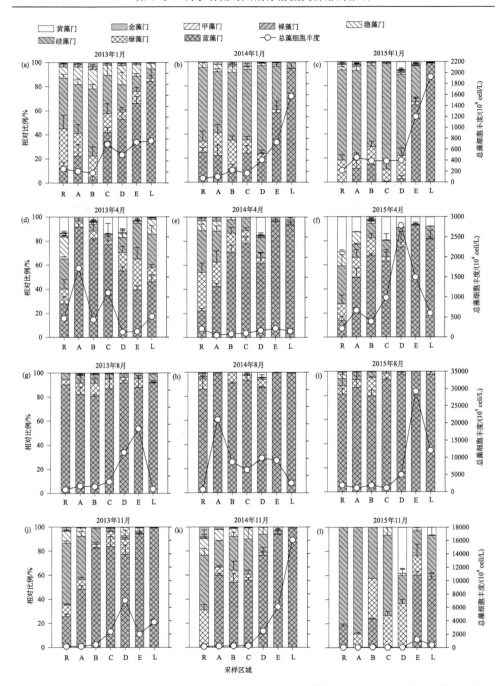

图 8.6　望虞河至湖心区域不同季节采样日浮游藻类群落结构和细胞丰度相对比例梯度变化

R 和 L 代表望虞河与湖心；A、B、C、D、E 分别代表 A1～A3 至 E1～E3 的贯穿区域

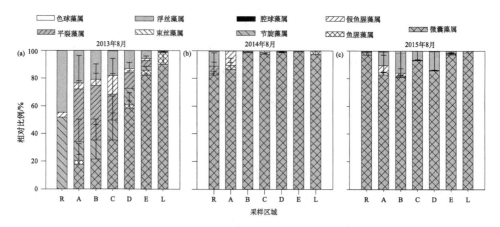

图 8.7　望虞河至湖心区域不同年份 8 月采样日蓝藻门种属梯度变化

R 和 L 代表望虞河与湖心；A、B、C、D、E 分别代表 A1～A3 至 E1～E3 的贯穿区域

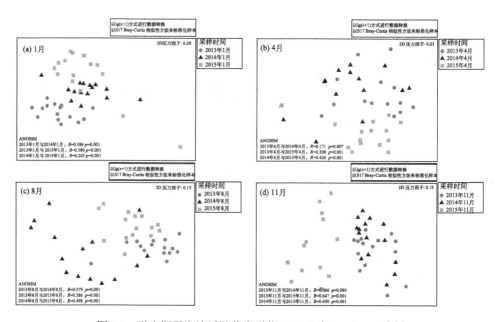

图 8.8　引水期贡湖湾浮游藻类群落 NMDS 和 ANOSIM 分析

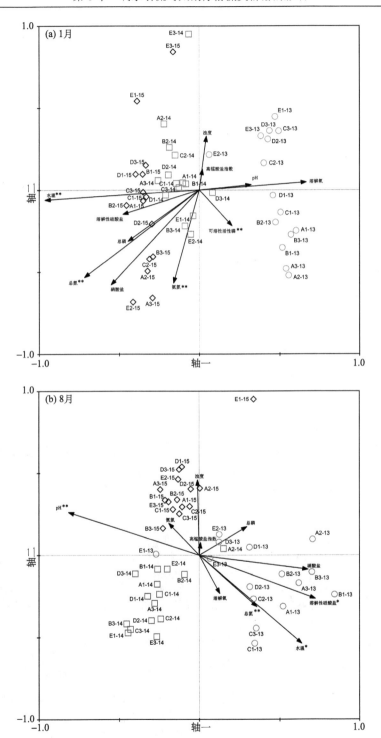

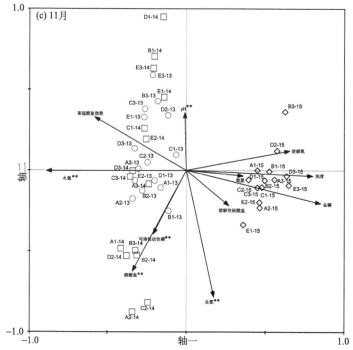

图 8.9　不同年份 1 月、8 月和 11 月理化参数与浮游藻类群落参数 RDA 分析

*表示不同年份采样日贡湖湾水质参数均值差异明显（单方差检验，$p \leqslant 0.05$）；**表示差异非常显著（$p \leqslant 0.01$）

　　本章研究的理化参数分别解释了 1 月、8 月和 11 月引水期和非引水期浮游藻类群落差异的 39.8%、37.2% 和 46.7%［图 8.10（a）、图 8.10（b）和图 8.10（c）］。对引水敏感的理化参数分别解释了 1 月、8 月和 11 月浮游藻类群落差异的 23.3%［图 8.10（a）］、24.5%［图 8.10（b）］和 31.3%［图 8.10（c）］。

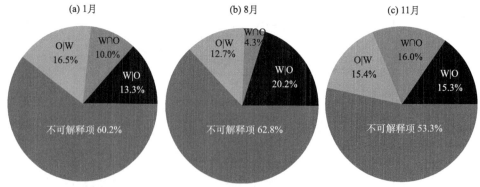

图 8.10　引水敏感理化指标（W）和其他理化指标（O）对 1 月、8 月和 11 月引水期和非引水期浮游藻类群落差异的解释

W|O 代表仅引水敏感指标解释的变化比例；O|W 代表其他指标解释的变化比例；W∩O 代表引水敏感指标和其他指标共同解释的变化比例

8.3　讨　　论

8.3.1　受水湖泊浮游藻类多样性对季节性引水的响应

作为湖泊中重要的生态指标，湖泊浮游藻类的多样性对不同季节的引水敏感（图 8.4）。以往的许多研究都报道了引水对湖泊生态系统浮游藻类多样性的影响（Fornarelli et al.，2013；林秋奇等，2003；王小雨，2008；姜宇，2013）。这些研究大多观察到受水区域水生生态系统多样性的增加（林秋奇等，2003；王小雨，2008；姜宇，2013）。我们的研究也发现，8 月和 11 月引水期的浮游藻类多样性高于非引水期（图 8.4）。Fornarelli 等（2013）报道，在受流域内调水影响的某水库中，浮游藻类的多样性指数（Shannon-Wiener 指数）和均匀度指数与水库的停留时间之间存在显著的正相关关系。这一发现表明，在适当的停留时间下，引水引起的多样性增加可能是合理的。

外来生物物种和理化生境变化通常被认为是影响淡水生态系统浮游藻类群落变化的两个关键因素（Dai et al.，2018；Paerl et al.，2016；Yang et al.，2017）。只有在引水期才在贡湖湾发现的浮游藻类物种是不同季节引水引起多样性增加的主要贡献者（图 8.4 和表 8.2）。本研究也表明，在引水期，贡湖湾理化生境的变化对浮游藻类多样性增加的贡献也较大。引水对湖泊生境的干扰主要体现在水动力和理化条件的变化上。由于"引江济太"工程在有限的引水流量下主要影响贡湖湾的水龄和环流场（Li et al.，2011；吕学研，2013），因此，在引水期，贡湖湾水体的水平和垂直交换可能是塑造浮游藻类群落的主导因素。我们的观察结果也支持了这一观点，即引水期间，仅在贡湖湾发现的浮游藻类大多隶属于绿藻门和硅藻门（表 8.2）。与蓝藻门相比，大部分绿藻门和硅藻门的生长速度更快，对湍流环境的适应性更强（Istvánovics and Honti，2012）。

此外，引水期有机污染物减少，活性硅酸盐和营养物质增加，也能为绿藻和硅藻提供有利的理化条件（Rao et al.，2018；Xu et al.，2017；Zhang et al.，2018）。然而，仅在贡湖湾发现的浮游藻类种类在不同季节的引水期并不占优势（比如，它们中的大部分相对比例低于 1.0%）（表 8.2），这揭示原本生活在太湖中的稀有种类，当引水期环境条件发生变化时，它们的细胞丰度将增加到显微镜计数的可检测水平。此外，在 1 月，3 个采样日的多样性没有明显差异（图 8.4），这是因为非引水期的采样日比上一次引水期晚了 10 天（太湖流域管理局，2013），之前的引水对多样性的影响可能在一定程度上还存在。

8.3.2　受水湖泊浮游藻类丰度与群落组成对季节性引水的响应

据报道，在一些湖泊中，如美国华盛顿州的格林湖（Oglesby，1968）和摩西湖（Welch et al.，1992）及我国长春市的南湖（王小雨，2008），引水降低了浮游藻类细胞丰度和初级生产力。浮游藻类细胞丰度较低，尤其是微囊藻类的丰度较低的主要原因是河流的湍流环境（Huisman et al.，2004；Li et al.，2013）。望虞河与贡湖湾水体的掺混直接稀释了贡湖湾的浮游藻类细胞丰度。本研究中，不同季节望虞河的浮游藻类细胞丰度始终低于湖区（图 8.6）。另外，还需要注意的是，引水会增强受水区的湍流扩散性，这可能会促进浮游细胞的垂直混合（Huisman et al.，2004）。由于微囊藻属对湍流混合环境的适应性不强（Paerl et al.，2011；Reynolds et al.，1994），因此可以通过抑制微囊藻属的增殖，降低受水湖区浮游藻类细胞的丰度。

浮游藻类群落组成是另一个代表浮游生物对生物和非生物干扰反应的指标（Ko et al.，2017；Yang et al.，2017）。由于气候变暖和人为活动影响，在富营养化的太湖中，微囊藻属每年有 10 个月以上的时间在北部地区占主导地位（Ma et al.，2016）。太湖的水温适宜，营养物质充足，几乎全年都为形成频繁的微囊藻水华提供了机会（Qin et al，2018）。本研究发现，不同季节的引水都能够降低贡湖湾大部分区域微囊藻属的相对比例，增加其他藻类（如硅藻门和绿藻门）的比例（图 8.6 和图 8.7）。这种通过引水改变湖泊浮游藻类群落的现象，在其他富营养湖泊中也有报道，如荷兰的费吕沃湖（Jagtman et al.，1992）、中国的南湖（王小雨，2008）和日本的泰加湖（Amano et al.，2010）。然而，就太湖而言，仅在有限的入湖流量条件下（即近 10 年引水期平均 90m³/s）（太湖流域管理局，2015），这种生态效应仅仅局限于贡湖湾和湖心区域。但在贡湖湾饮用水源保护上，生态效应是正向的（Qin et al.，2010）。

由于许多浮游藻类物种的生命周期很短，比如几天，而且对理化条件很敏感（如微囊藻属、栅藻属和小环藻属）（Reynolds，2006），理化生境变化是推动淡水湖泊浮游藻类群落演替的关键动力（Li et al.，2019）。在本研究中，贡湖湾的理化参数解释了各季节引水期和非引水期浮游藻类群落变化的 40% 左右（图 8.10）。贡湖湾浮游藻类群落的变化，约有 23.3%～31.3% 是由不同季节引水导致的理化生境变化引起的（图 8.10）。至于 11 月和 1 月，贡湖湾硅藻门的优势可以部分解释为引水期活性硅酸盐浓度的增加（Zhang et al.，2018）。而对于 8 月，除微囊藻属外，其他蓝藻门物种丰度的增加主要可以归因于望虞河外来生物物种的输入。引水期与非引水期之间浮游藻类群落的大部分变化（约 60%）不能用本研究中理化参数的变化来解释（图 8.10）。因此，望虞河输入的外来物种应该是引水引起浮游藻类群落变化的另一个原因。

在本研究中，望虞河 5 个引水期的小球藻属、直链藻属、小环藻属、浮丝藻属、隐杆藻属和其他种属的平均相对比例均显著高于引水期和非引水期贡湖湾中的相对比例（表 8.2）。此外，贡湖湾内这些种属在引水期的平均相对比例也高于非引水期（表 8.2），因此，来自望虞河的外来生物物种至少在一定程度上对这些种属的增加起到了促进作用。但由于每个引水期的采样时间有限，对引水期贡湖湾浮游藻类群落组成变化的定量评价还需要进一步探讨。

在夏季引水期，贡湖湾浮游藻类的优势藻为平裂藻属和浮丝藻属，而非引水期则以微囊藻属为主（表 8.2）。值得注意的是，平裂藻属属于 L_0 功能群浮游藻类（Reynolds et al.，2002），常见于中营养湖泊的表层。浮丝藻属的常见生境也是水力干扰频繁的浅水湖泊。此外，可以看出，在秋冬季的引水期，硅藻在贡湖湾中占主导地位（图 8.6）。在硅藻门中，直链藻属和小环藻属是优势藻属，分别属于浮游藻类功能群 P 和 A（Reynolds et al.，2002）。一般来说，直链藻属多存在于浅水富营养湖泊中，对水力扰动具有良好的适应性。小环藻属则常见于混合良好的清水湖泊中，对营养受限的湖泊生境有良好的耐受性。引水期间这些种属在贡湖湾占据优势，意味着引水对贡湖湾生境条件的潜在影响可能更有利于湖泊水生生态系统的健康发展。

8.3.3　对太湖流域调水引流管理工作的启示

在过去的 30 年里，中国已建成或在建的国家和区域水资源配置的引水工程有 40 多项。作为典型的区域性供水引水工程，"引江济太"工程也为缓解太湖这一大型富营养湖泊蓝藻水华提供了有利条件（Hu et al.，2008；Li et al.，2011；Qin，2009）。然而，长江及望虞河支流的外源营养输入（Dai et al.，2018）给受水湖区带来了负面影响。政府为改善望虞河水质，在水利工程建设和生态修复方面进行了投资。我们的研究发现，在引水期，望虞河中 NO_3^--N 和 TP 的浓度明显高于贡湖湾（图 8.3）。我们的监测数据显示，望虞河西部支流 NO_3^--N 和 TP 的浓度明显高于长江和太湖，因此，望虞河西岸控制工程有助于改善望虞河水质。但如果政府想通过其他引水渠道如新孟河、新沟河等从长江引水来提高"引江济太"工程的利用率，首先要研究如何降低这些引水渠道的氮、磷浓度。在长江中下游地区，受人为因素影响，大部分河流的营养物质浓度高于湖泊（Wang et al.，2019），因此，为了降低引水工程的生态风险，控制支流的污染物汇入量、提高引水河道的自净能力和缩短水力滞留净化时间是两项关键措施。此外，还需持续开展长期监测，以评估我国引水工程的生态效应。

对于"引江济太"工程，根据调控水位，每年秋冬两季都会开展引水活动来为流域供水（太湖流域管理局，2013，2014，2015）。在夏季和春季，由于太湖流域的防洪要求，引水活动很少，引水主要是作为应对贡湖湾饮用水源地蓝藻水华暴发的应急措施（太湖流域管理局，2013）。在我们的研究中，2015 年秋季，在平均流入量为 58.8m^3/s 的情况下，经过 13 天的引水活动，观察到了贡湖湾蓝藻相对比例降低的效果（表 8.1）。虽然 2014 年和 2015 年冬季蓝藻比例下降的效果也很明显，但随着 2014 年和 2015 年冬季引水量的增加，望虞河的外源营养输入量也在增加。在解决望虞河营养物质负荷较高的相关问题之前，控制望虞河的引水量可以降低进入太湖的营养物质负荷。但如何协调太湖流域生态修复、供水、防洪等多重目标，还需要进一步探索，也需要进一步研究评估合适的引水流量、引水持续时间和引水季节，以增强引水工程积极的生态效应，减少不利影响。

8.4　结　　论

通过本次研究，可以获得以下主要结论。

（1）"引江济太"工程降低了不同季节贡湖湾的有机污染物浓度，但望虞河来水的硝酸盐和总磷含量明显高于太湖，应借助水污染防治工程，削减长江及望虞河西岸支流的外源营养输入。

（2）引水活动可以显著增加浮游藻类的多样性，改变不同季节贡湖湾的群落组成。秋冬季节，受水区贡湖湾以硅藻门为主，而非蓝藻门，而夏季非微囊藻蓝藻的相对比例明显增加。

（3）浮游藻类外来物种输入和理化生境干扰是受水区浮游藻类群落变化的两个主要原因。引水引起的理化生境干扰对浮游藻类群落变化的贡献率为 23.3%～31.3%。外来物种对贡湖湾浮游藻类多样性增加的潜在贡献率最高，约为 15.8%，而理化生境干扰对贡湖湾浮游藻类多样性增加的贡献率为 12.0%～31.3%。

（4）在解决太湖流域河网中普遍存在的高负荷营养物质外源输入问题之前，"引江济太"工程只能作为缓解太湖蓝藻水华的应急措施。但由于本次实地研究的局限性，如何在不同季节进行"引江济太"工程的生态运行仍是未知数。此外，应该对其他类似湖泊进行广泛的调查，协调好防洪、供水、水环境改善等多重目标，才能更好地调控引水工程。

参 考 文 献

胡鸿钧, 魏印心. 2006. 中国淡水藻类——系统、分类及生态[M]. 北京: 科学出版社.

姜宇. 2013. 引江济太对太湖水源地水质及藻类影响研究[D]. 上海: 复旦大学.

金相灿, 屠清瑛. 1990. 湖泊富营养化调查规范. 2 版[M]. 北京: 中国环境科学出版社.

赖江山. 2013. 生态学多元数据排序分析软件 Canoco5 介绍[J]. 生物多样性, 21(6): 765-768.

林秋奇, 胡韧, 韩博平. 2003. 流溪河水库水动力学对营养盐和浮游植物分布的影响[J]. 生态学报, 23(11): 2278-2284.

吕学研. 2013. 调水引流对太湖富营养化优势藻的生长影响研究[D]. 南京: 南京水利科学研究院.

太湖流域管理局. 2013. 太湖流域引江济太年报[R]. 上海: 太湖流域管理局.

太湖流域管理局. 2014. 太湖流域引江济太年报[R]. 上海: 太湖流域管理局.

太湖流域管理局. 2015. 太湖流域引江济太年报[R]. 上海: 太湖流域管理局.

王小雨. 2008. 底泥疏浚和引水工程对小型浅水城市富营养化湖泊的生态效应[D]. 长春: 东北师范大学.

钟春妮, 杨桂军, 高映海, 等. 2012. 太湖贡湖湾大型浮游动物群落结构的季节变化[J]. 水生态学杂志, 33(1): 47-52.

Ali R, Kuriqi A, Abubaker S, et al. 2019. Hydrologic alteration at the upper and middle part of the Yangtze River, China: Towards sustainable water resource management under increasing water exploitation[J]. Sustainability, 11(19): 5176.

Amano Y, Sakai Y, Sekiya T, et al. 2010. Effect of phosphorus fluctuation caused by river water dilution in eutrophic lake on competition between blue-green alga *Microcystis aeruginosa* and diatom *Cyclotella* sp. [J]. Journal of Environmental Sciences, 22(11): 1666-1673.

Cooke G D, Welch E B, Peterson S, et al. 2016. Restoration and Management of Lakes and Reservoirs[M]. Florida: CRC Press, Boca Raton.

Dai C, Tan Q, Lu W T, et al. 2016. Identification of optimal water transfer schemes for restoration of a eutrophic lake: An integrated simulation-optimization method[J]. Ecological Engineering, 95: 409-421.

Dai J Y, Wu S Q, Wu X F, et al. 2018. Effects of water diversion from Yangtze River to Lake Taihu on the phytoplankton habitat of the Wangyu River channel[J]. Water, 10(6): 759.

Fanini L, Lowry J K. 2016. Comparing methods used in estimating biodiversity on sandy beaches: Pitfall vs. quadrat sampling[J]. Ecological Indicators, 60: 358-366.

Fornarelli R, Antenucci J P, Marti C L. 2013. Disturbance, diversity and phytoplankton production in a reservoir affected by inter-basin water transfers[J]. Hydrobiologia, 705(1): 9-26.

Hosper S H. 1998. Stable states, buffers and switches: An ecosystem approach to the restoration and management of shallow lakes in the Netherlands[J]. Water Science and Technology, 37(3): 151-164.

Hu L M, Hu W P, Zhai S H, et al. 2010. Effects on water quality following water transfer in Lake Taihu, China[J]. Ecological Engineering, 36(4): 471-481.

Hu W P, Zhai S J, Zhu Z C, et al. 2008. Impacts of the Yangtze River water transfer on the restoration of Lake Taihu[J]. Ecological Engineering, 34(1): 30-49.

Huang J C, Gao J F, Zhang Y J, et al. 2015. Modeling impacts of water transfers on alleviation of phytoplankton aggregation in Lake Taihu[J]. Journal of Hydroinformatics, 17(1): 149-162.

Huang J C, Yan R H, Gao J F, et al. 2016. Modeling the impacts of water transfer on water transport pattern in Lake Chao, China[J]. Ecological Engineering, 95: 271-279.

Huisman J, Sharples J, Stroom J, et al. 2004. Changes in turbulent mixing shift competition for light between phytoplankton species[J]. Ecology, 85(11): 2960-2970.

Istvánovics V, Honti M. 2012. Efficiency of nutrient management in controlling eutrophication of running waters in the Middle Danube Basin[J]. Hydrobiologia, 686(1): 55-71.

Jagtman E, Molen D T, Vermij S. 1992. The influence of flushing on nutrient dynamics, composition and densities of algae and transparency in Veluwemeer, the Netherlands[J]. Hydrobiologia, 233(1-3): 187-196.

Jeppesen E, Meerhoff M, Jacobsen B A, et al. 2007. Restoration of shallow lakes by nutrient control and biomanipulation-the successful strategy varies with lake size and climate[J]. Hydrobiologia, 581(1): 269-285.

Ko C Y, Lai C C, Hsu H H, et al. 2017. Decadal phytoplankton dynamics in response to episodic climatic disturbances in a subtropical deep freshwater ecosystem[J]. Water Research, 109: 102-113.

Li C C, Feng W Y, Chen H Y, et al. 2019. Temporal variation in zooplankton and phytoplankton community species composition and the affecting factors in Lake Taihu-a large freshwater lake in China[J]. Environmental Pollution, 245: 1050-1057.

Li Y P, Acharya K, Yu Z B. 2011. Modeling impacts of Yangtze River water transfer on water ages in Lake Taihu, China[J]. Ecological Engineering, 37(2): 325-334.

Li Y P, Tang C Y, Wang C, et al. 2013. Assessing and modeling impacts of different inter-basin water transfer routes on Lake Taihu and the Yangtze River, China[J]. Ecological Engineering, 60: 399-413.

Lin G L, Chai J, Yuan S, et al. 2016. VennPainter: a tool for the comparison and identification of candidate genes based on venn diagrams[J]. PLoS One, 11(4): e0154315.

Lin M L, Lek S, Ren P, et al. 2017. Predicting impacts of South-to-North Water Transfer Project on fish assemblages in Hongze Lake, China[J]. Journal of Applied Ichthyology, 33(3): 395-402.

Liu Y, Wang Y L, Sheng Hu, et al. 2014. Quantitative evaluation of lake eutrophication responses under alternative water diversion scenarios: A water quality modeling based statistical analysis approach[J]. Science of the Total Environment, 468-469: 219-227.

Lürling M, Faassen E J. 2012. Controlling toxic cyanobacteria: effects of dredging and phosphorus-binding clay on cyanobacteria and microcystins[J]. Water Reseach, 46(5): 1447-1459.

Ma J R, Qin B Q, Paerl H W, et al. 2016. The persistence of cyanobacterial (*Microcystis* spp.) blooms throughout winter in Lake Taihu, China[J]. Limnology and Oceanography, 61(2): 711-722.

Oglesby R T. 1968. Effects of controlled nutrient dilution of a euthrophic lake[J]. Water Research, 2(1): 106-108.

Paerl H W, Gardner W S, Havens K E, et al. 2016. Mitigating cyanobacterial harmful algal blooms in aquatic ecosystems impacted by climate change and anthropogenic nutrients[J]. Harmful Algae, 54: 213-222.

Paerl H W, Xu H, McCarthy M J, et al. 2011. Controlling harmful cyanobacterial blooms in a hyper-eutrophic lake (Lake Taihu, China): The need for a dual nutrient (N & P) management strategy[J]. Water Research, 45(5): 1973-1983.

Qin B Q. 2009. Lake eutrophication: Control countermeasures and recycling exploitation[J]. Ecological Engineering, 35(11): 1569-1573.

Qin B Q, Paerl H W, Brookes J D, et al. 2019. Why Lake Taihu continues to be plagued with cyanobacterial blooms through 10 years (2007-2017) efforts[J]. Science Bulletin, 64(6): 354-356.

Qin B Q, Yang G J, Ma J R, et al. 2018. Spatiotemporal changes of cyanobacterial bloom in large shallow eutrophic Lake Taihu, China[J]. Frontiers in Microbiology, 9: 451.

Qin B Q, Zhu G W, Gao G, et al. 2010. A drinking water crisis in Lake Taihu, China: Linkage to climatic variability and lake management[J]. Environmental Management, 45(1): 105-112.

Rao K, Zhang X, Yi X J, et al. 2018. Interactive effects of environmental factors on phytoplankton communities and benthic nutrient interactions in a shallow lake and adjoining rivers in China[J]. Science of the Total Environment, 619-620: 1661-1672.

Reynolds C S. 2006. The Ecology of Phytoplankton[M]. Cambridge: Cambridge University Press.

Reynolds C S, Descy J P, Padisák J. 1994. Are phytoplankton dynamics in rivers so different from those in shallow lakes? [J]. Hydrobiologia, 289(1-3): 1-7.

Reynolds C S, Huszar V, Kruk C, et al. 2002. Towards a functional classification of the freshwater phytoplankton[J]. Journal of Plankton Research, 24(5): 417-428.

Scheffer M. 1997. Ecology of Shallow Lakes[M]. Dordrecht: Springer.

Schwalb A N, Bouffard D, Ozersky T, et al. 2013. Impacts of hydrodynamics and benthic communities on phytoplankton distributions in a large, dreissenid-colonized lake (Lake Simcoe, Ontario, Canada) [J]. Inland Waters, 3(2): 269-284.

Song W W, Xu Q, Fu X Q, et al. 2018. Research on the relationship between water diversion and water quality of Xuanwu Lake, China[J]. International Journal of Environmental Research and Public Health, 15(6): 1262.

Swarbrick V J, Simpson G L, Glibert P M, et al. 2019. Differential stimulation and suppression of phytoplankton growth by ammonium enrichment in eutrophic hardwater lakes over 16 years[J]. Limnology and Oceanography, 64(S1): S130-S149.

Wang M, Strokal M, Burek P, et al. 2019. Excess nutrient loads to Lake Taihu: Opportunities for nutrient reduction[J]. Science of the Total Environment, 664: 865-873.

Welch E B, Barbiero R P, Bouchard D, et al. 1992. Lake trophic state change and constant algal composition following dilution and diversion[J]. Ecological Engineering, 1(3): 173-197.

Xu Y G, Li A J, Qin J H, et al. 2017. Seasonal patterns of water quality and phytoplankton dynamics in surface waters in Guangzhou and Foshan, China[J]. Science of the Total Environment, 590-591: 361-369.

Yang B, Jiang Y J, He W, et al. 2016. The tempo-spatial variations of phytoplankton diversities and their correlation with trophic state levels in a large eutrophic Chinese lake[J]. Ecological

Indicators, 66: 153-162.

Yang J R, Lv H, Isabwe A, et al. 2017. Disturbance-induced phytoplankton regime shifts and recovery of cyanobacteria dominance in two subtropical reservoirs[J]. Water Research, 120: 52-63.

Yu M, Wang C, Liu Y, et al. 2018. Sustainability of mega water diversion projects: Experience and lessons from China[J]. Science of the Total Environment, 619-620: 721-731.

Zhai S J, Hu W P, Zhu Z C. 2010. Ecological impacts of water transfers on Lake Taihu from the Yangtze River, China[J]. Ecological Engineering, 36(4): 406-420.

Zhang M X, Dolatshah A, Zhu W L, et al. 2018. Case study on water quality improvement in Xihu Lake through diversion and water distribution[J]. Water, 10(3): 333.

Zhang X L, Zou R, Wang Y, et al. 2016. Is water age a reliable indicator for evaluating water quality effectiveness of water diversion projects in eutrophic lakes? [J]. Journal of Hydrology, 542: 281-291.

第9章　引水量影响太湖生境模拟

湖泊富营养化是全世界普遍存在的生态环境问题（Sinha et al.，2017；Qin，2009；Schindler，1974）。富营养化湖泊中的营养物质富集会促进藻类增殖，从而可能产生蓝藻水华（Monchamp et al.，2018；Qin et al.，2013）。有害的蓝藻水华对淡水湖泊的水质和生态功能具有很大的威胁性（Paerl et al.，2016；Paerl and Huisman，2008）。作为应对蓝藻水华及降低其对湖泊生态系统影响的重要工程措施，引水工程可以将外来淡水调入湖泊，从而扩大环境容量，已经在世界范围内许多富营养化湖泊治理中得到应用（Dai et al.，2018；Wu et al.，2018；Yao et al.，2018；Zhang et al.，2016；Liu et al.，2014；Zou et al.，2014；Li et al.，2013；White et al.，2009；Hosper，1998）。

太湖是我国第三大富营养淡水湖泊，一年中大部分时间面临蓝藻水华困扰（Qin et al.，2015）。"引江济太"是一项典型的生态水利工程，既考虑了太湖流域水生态环境的改善，又考虑了流域的水资源供给问题（Wang and Wang，2013）。以往的研究表明，在限定的入湖水量条件下，"引江济太"工程对太湖水位（郝文斌等，2012；Hu et al.，2008）、水龄（Li et al.，2011）和湖流（Li et al.，2013；Hu et al.，2008）的改变较为明显。然而，作为引水工程的重要运行参数，入湖水量不仅代表了水资源的调入量，还代表了外来营养物质和物种的输入。较高的入湖水量可以改善湖泊的水动力条件，也可能输入更多的营养物质和外来物种。适宜的入湖水量和引水时间是提高经济效益和生态效益的关键（Zhai et al.，2010）。

以往关于引水运行优化的研究主要集中于湖泊的水动力影响方面（Li et al.，2011，2013；郝文斌等，2012；赵琰鑫等，2012；谢兴勇等，2008），很少有研究考虑引水工程的物理化学和生物效应。一般来说，野外监测是研究引水工程生态效应的常规方法。但由于风浪、降水等不确定环境因素，生态系统对入湖水量的生态反馈效应往往无法通过野外监测来清晰揭示。湖泊微生态系统重建为解决这一问题提供了一种替代方法。湖泊微生态系统模型主要由微生物、非生物营养物质和环境条件组成，已被广泛应用于湖泊富营养化的研究中（Psenner et al.，2008）。此外，作为湖泊中最多样化和最活跃的微生物，细菌对边缘环境的变化很敏感，一直被视为湖泊演变的代表指标之一（Shade et al.，2011；Paerl et al.，2003）。

为揭示"引江济太"工程入湖水量与太湖微生态系统要素之间的响应和定量关系，本次研究构建太湖微生态系统模型以揭示"引江济太"工程对太湖水生态系统的影响。同步考虑的指标主要包括水体理化参数和细菌数量。本研究还探讨入湖水量与所测参数之间的定量关系，最后，根据"引江济太"工程对湖泊微生态系统的影响，论证并提出"引江济太"工程适宜的入湖水量和持续天数。

9.1 材料与方法

9.1.1 太湖微生态系统模型构建

梅梁湾是太湖典型的富营养化水区，一年中大部分时间都能监测到蓝藻水华（Chuai et al.，2011）。望虞河目前是"引江济太"的最大引水通道（马倩等，2014）。梅梁湾是望虞河输水的受水区，"引江济太"入水在泵站的抽引下，部分进入梅梁湾。本次研究采集梅梁湾的水和沉积物，用于构建太湖微生态系统模型（Funes et al.，2016）。2013 年引水期的望虞河河水采集于 12 月 3 日，作为实验的补充水。由于采样当天是本次引水期开始后的第 15 天，望虞河已经被长江水充分交换（太湖流域管理局，2013）。与前文研究相比，收集到的水中总氮（TN）和总磷（TP）的浓度与 2014 年 1 月和 2015 年 1 月望虞河流入水的浓度相近（Dai et al.，2018）。因此，该日收集到的望虞河水可以代表流入太湖的正常情况。

在实验室里，将收集到的湖泊沉积物混合均匀，然后等量分成 18 份。每份沉积物放置在一个直径为 30cm 的透明圆柱形塑料容器中，然后整体放进一个直径为 35cm 的桶内。每组沉积物的厚度约为 5cm。之后，向每个桶内缓慢注入 15L 湖水，静置 5d，形成一个稳定的水-沉积物界面。最后形成的稳定生态系统就是用于模拟富营养化的梅梁湾的微生态系统模型。实验过程中，通过引水管将河水引入桶内，采用阀门控制不同组别的补充水量。每滴水按 0.05mL 计算。图 9.1 为微生态系统的示意图和场景图。

(a) 微生态系统示意图　　　　　　　　　　(b) 场景图

图 9.1　实验装置图

9.1.2　实验设计与样品采集

本实验设置 1 个对照组和 5 个处理组，每组设置 3 个重复。对照组为不引流组（C 组），而 5 个处理组的引水量不同。引水量根据 2013 年"引江济太"运行期间的平均入湖水量及贡湖湾平均水量与模拟微生态系统体积（15L）的比值确定。对应于望虞河 25m³/s、50m³/s、100m³/s、150m³/s 和 200m³/s 的实际入湖水量，我们将 5 个处理组的引水量分别设定为 216mL/d（T1 组）、432mL/d（T2 组）、864mL/d（T3 组）、1296mL/d（T4 组）和 1728mL/d（T5 组）（表 9.1）。

表 9.1　实验设计参数

组次	模拟引水流量/(mL/d)	工程实际引水流量/(m³/s)	实验时间安排	其他模拟参数
C	0	0		
T1	216	25	引水时长：1~20d； 引水暂停后时长： 停止引水后 10d	每组三个重复； 室温约 25℃； 每个实验体系 15L
T2	432	50		
T3	864	100		
T4	1296	150		
T5	1728	200		

本次实验开始于 2013 年 12 月 9 日，共持续 30 天。其中，前 20 天为引水期，后 10 天为停止引水期。微生态系统的水样分别在第 1、3、5、7、10、15、20、25、30 天的 9:00 采集。最后两个采样日用于研究引水停止后微生态系统的恢复情况。实验期间，实验室的温度控制在 25℃左右。采样过程中必须保护好微生态系统的水-沉积物界面，避免出现明显的扰动。

9.1.3　生物与理化参数测定

取样前，利用 AP-2000 多参数分析仪（HACH，美国）对部分理化参数（水温、pH、溶解氧和浊度）进行测量。之后，从每个微生态系统中采集 500mL 水样，用于测定总氮（TN）、总磷（TP）、氨氮（NH_4^+-N）、硝酸盐（NO_3^--N）、可溶性活性磷（SRP）、溶解性有机碳（DOC）和活性硅酸盐（SiO_3^{2-}-Si）的浓度。此外，从每个容器中收集 50mL 水样，用于细菌细胞丰度计数。

TN、TP、NH_4^+-N、NO_3^--N 和 SRP 的浓度按金相灿和屠清瑛（1990）的方法测定。DOC 和 SiO_3^{2-}-Si 的浓度分别采用 multi N/C 3100 总有机碳/总氮分析仪（Analytik Jena，德国）和文献中的杂多蓝分光光度法（王心芳等，2002）进行分析。细菌细胞丰度按照 Gao 等（2007）在太湖中使用的 4′,6-二氨基-2-苯基吲哚（DAPI）标记法进行计数。

9.1.4　数据分析

采用 SPSS 16.0 软件中的重复测量方差分析（repeated ANOVA）对各实验组理化参数进行比较。各实验组细菌细胞丰度的差异采用单因素方差分析进行比较。理化参数的变化率采用第 20 天和第 1 天测定值的差值与第 20 天测定值的百分比进行计算。回复率为第 20 天和第 30 天监测值的差值与第 20 天监测值的百分比。采用 Pearson 相关分析法检验细菌细胞丰度和理化参数之间的线性相关关系。统计图采用软件 SigmaPlot v13.0（Systat Software Inc.，USA）绘制。

9.2　结果与讨论

9.2.1　2007～2014 年望虞河引水入湖流量概况

"引江济太"工程从 2002 年开始试运行，进行了一系列引排水试验，2007 年开始常态化运行，引水通道主要是望虞河。望虞河引水工程调度受长江潮位、太湖水位、地区需水和河道污水等多种因素影响。当太湖水位高于相应防洪控制水位时，按照《太湖流域洪水调度方案》调度，望虞河排水；当太湖水位低于相应防洪控制水位时，常熟水利枢纽引水。调水引流期间，当常熟水利枢纽自引能力不足时，开启常熟水利枢纽泵站抽引长江水，但主汛期一般不考虑泵站抽引，以确保流域防洪安全；望虞河东岸引水量不超过 $30m^3/s$；望虞河西岸应严格控制运行，杜绝污水进入望虞河；当望亭立交闸下水质达到或优于我国地表水Ⅲ类标准时，望亭水利枢纽开闸向太湖引水，否则关闭望亭水利枢纽，等水质指标达到要求后再开启望亭水利枢纽向太湖引水。

通常，根据太湖流域防汛规划，全年划分成 4 个时段，即汛前期（4 月 1 日～6 月 15 日）、主汛期（6 月 16 日～7 月 20 日）、汛后期（7 月 21 日～9 月 30 日）、非汛期（10 月 1 日～次年 3 月 31 日）。从 2007 年开始，望虞河引水入湖活动主要发生在非汛期，即秋季和冬季（图 9.2），最高流量 $253m^3/s$，最低流量 $6.9m^3/s$，平均入湖流量 $90.6m^3/s$。个别年份因春夏季干旱，太湖水位低于"引江济太"调水限制水位时，也会开展引水活动，如 2013 年 7 月 22 日～10 月 5 日。2007～2014 年望虞河单次引水持续时间最长超过 200d，从 2010 年 10 月 10 日到 2011 年 6 月 9 日连续引水，而最短持续引水时间仅为 3d。通常单次引水持续时间为 2 个月。本模拟实验采用的引水流量所对应的望虞河实际引水流量符合实际情况。

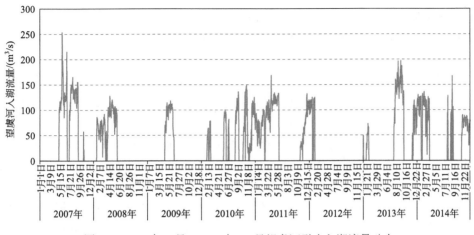

图 9.2　2007 年 1 月～2014 年 12 月望虞河引水入湖流量动态

9.2.2　引水流量对太湖生境影响模拟

1. 引水影响下微生态系统生物与理化参数动态变化

实验过程中，6 组水温均控制在 24～26℃，组间无显著差异（重复测量方差分析，$p<0.05$）。表 9.2 为贡湖湾和望虞河水样的生物和非生物变量的平均值。根据均值的单因素方差分析比较，实验首日湖水和河水样本的变量（除 NH_4^+-N 和 DOC）均存在显著差异（单因素方差分析，$p<0.05$）。从这些变量来看，湖水中 pH、TN、NO_3^--N、SRP、SiO_3^{2-}-Si 和细菌细胞丰度的均值均显著高于河水，而河水的 DO、浊度和 TP 浓度均高于湖水。

表 9.2　实验首日湖水和河水理化参数均值方差比较

理化参数	湖水	河水	p
pH	8.46	7.67	0.042
DO/（mg/L）	6.72	9.27	0.008
浊度/NTU	9.20	27.0	<0.001
TN/（mg/L）	2.18	1.09	0.036
TP/（mg/L）	0.041	0.068	0.032
SRP/（mg/L）	0.073	0.005	<0.001
NO_3^--N/（mg/L）	1.96	0.92	0.017
NH_4^+-N/（mg/L）	0.19	0.12	NS
DOC/（mg/L）	3.03	2.85	NS
SiO_3^{2-}-Si/（mg/L）	8.54	3.07	0.003
细菌细胞丰度/（个/mL）	$9.46×10^6$	$3.11×10^6$	0.028

图 9.3 揭示了各组水理化参数的动态变化。20 天中，河水的 TN、NO_3^--N、NH_4^+-N、TP、SRP、DOC 和 SiO_3^{2-}-Si 浓度相对稳定（图 9.3）。实验期间，各组 pH 均在 8.35～8.78。虽然河水的 pH 明显低于微生态系统湖水，但是对微生态系统 pH 的影响不明显。此外，不同处理组间 pH 的差异也不明显［重复测量方差分析，$p > 0.05$；图 9.3（a）］。河水 pH 对微生态系统的影响有限，主要是由于河水引入量远小于微生态系统存有的水量。

伴随引水过程的推进，各处理组的 DO 浓度均有所上升，并在第 15 天趋于稳定。不同组间的重复测量分析表明，T5 组的 DO 浓度高于其他组，其他组间无显著差异［图 9.3（b）］。以往的研究（韩沙沙和温琰茂，2004）表明，DO 浓度可能受水温、光照、水深等多种因素的影响。T5 组的 DO 浓度较高，可能与该组的河水引入量和引入水的 DO 浓度较高有关。另外，实验过程中，各处理组的浊度均明显下降［图 9.3（c）］。本实验的静水条件下，引水量对微生态系统的浊度没有明显影响。引水带入的颗粒和悬浮物均沉淀在微生态系统沉积物表面。

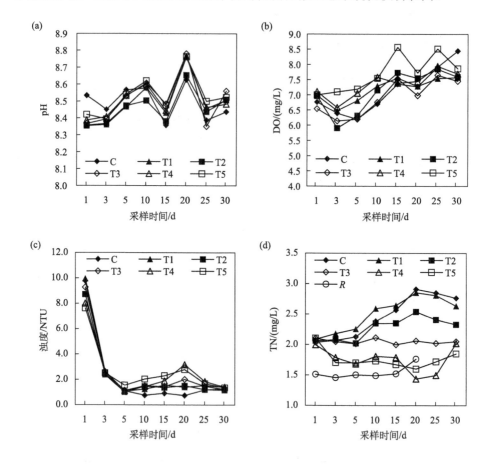

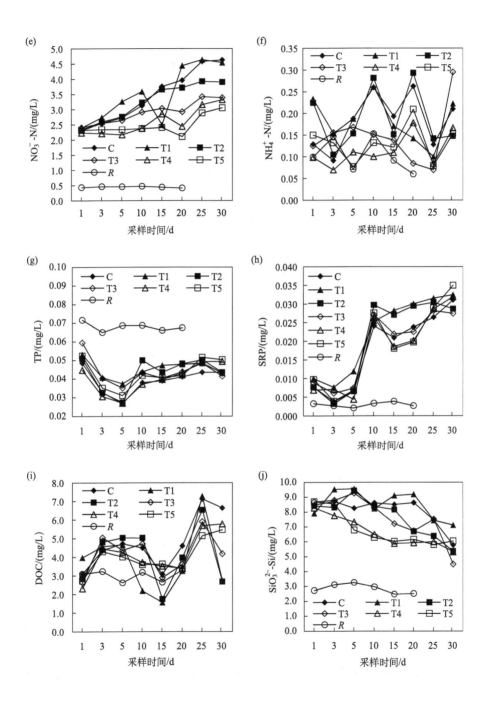

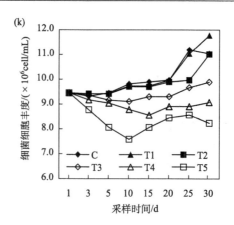

图 9.3　实验期间湖泊微生态系统中水生生物和非生物参数的变化

实验水体 TN 和 NO_3^--N 的重复计量方差分析表明，对照组除与 T1 和 T2 组无差异外，与其他各处理组均有差异（重复计量方差分析，$p<0.05$）。引入水量越大，微生态系统 TN 和 NO_3^--N 浓度越低。实验开始的前 15 天，各组 TN 和 NO_3^--N 浓度均呈相同的上升趋势［图 9.3（d）和（e）］。对照组 TN 浓度的增加可能与沉积物中营养物质的释放有关（Peng，2011）。NH_4^+-N 浓度的动态变化与 TN 和 NO_3^--N 不同，但对照组的 NH_4^+-N 浓度高于 T3、T4 和 T5 组［重复计量方差分析，$p<0.05$；图 9.3（f）］。虽然河水的 NH_4^+-N 浓度并不显著低于实验所用的湖水，但是均值仍处于较低水平（表 9.2）。随着河水的不断流入，湖水中的 NH_4^+-N 可能被稀释。

各实验组 TP 和 SRP 浓度在前 5 天均下降，10 天后上升至稳定，这是由颗粒态磷的沉淀和沉积物磷的释放所致。在整个实验过程中，6 个实验组 TP 和 SRP 浓度均无差异［重复测量方差分析，$p>0.05$；图 9.3（g）和（h）］。

溶解性有机碳（DOC）是水生异养微生物的重要碳源。DOC 浓度与微生物的丰度、群落和活性有关（周丹丹等，2007；冯胜等，2006；白洁等，2004）。与 TP 和 SRP 的变化趋势相同，DOC 浓度在第 10 天时上升至稳定状态。由于河水和湖水的 DOC 浓度水平相同，本次实验中 6 个实验组 DOC 之间没有显著差异［图 9.3（i）］。

作为浮游藻类不可缺少的营养物质，活性硅酸盐对水生态系统的初级生产力起着重要作用（Ragueneau et al.，2002）。本次实验过程中，各组的 SiO_3^{2-}-Si 浓度呈下降趋势，这与其在河水中的浓度较低有关［图 9.3（j）］。不同组间的重复计量方差分析显示，对照组的浓度与 T3、T4、T5 组的浓度有显著差异（重复计量方差分析，$p<0.05$）。该结果表明，高于 $100m^3/s$ 的引水量可深刻影响富营养湖区的活性硅酸盐浓度。停止引水后，各组活性硅酸盐浓度始终高于 6.0mg/L。该水平适合硅藻的生长，提高了硅藻对其他藻类的竞争力（孙凌，2007）。

　　由于河水初始细菌细胞丰度为 3.11×10^6 个/mL，且明显低于湖水的初始丰度（9.46×10^6 个/mL），引水期间，T3、T4、T5 组的细菌细胞丰度呈下降趋势。不同组间单因素方差分析比较显示，T3～T5 组细菌细胞丰度明显低于对照组（$p<0.05$）。T1、T2 组的动态变化与对照组相似［图 9.3（k）］。在引水 15 天后，引水量较大的 T4 和 T5 组的细菌细胞丰度呈上升趋势。这一现象主要是湖泊悬浮物和沉积物的内源营养释放所致。细菌对环境变化很敏感，其生长周期较短，因此实验组的细菌细胞丰度可以快速响应水生生境的变化（Paerl et al.，2003）。此外，5 个处理组的细菌细胞丰度平均值与引水量呈负相关关系，表明引水量与细菌细胞丰度之间可能存在一定的定量关系。

2. 引水活动对太湖微生态系统理化环境影响的可逆性

　　重复测量结果显示，DO、TN、NO_3^--N 和 SiO_3^{2-}-Si 为敏感水体参数。在引水期的第 25 天，只有 T5 组的溶解氧（DO）浓度变化率（21.6%）高于对照组（17.0%），其他各组的溶解氧浓度均较低。几乎所有处理组的回复率均为负值，说明引水后溶解氧浓度有所下降［图 9.4（a）］。

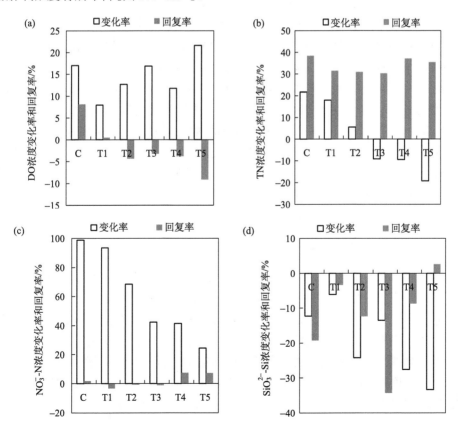

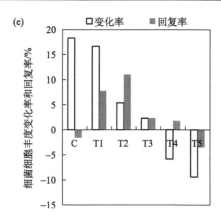

图9.4　实验过程中敏感理化与生物参数的变化率和回复率

对照组 TN 浓度变化率为 21.7%，T3～T5 组分别为–9.1%、–9.5%和–19.3%。停止引水后，各处理组的回复率在 30.3%～37.2%［图 9.4（b）］。TN 浓度的增加是由沉积物氮的释放所致。同样地，对照组的 NO_3^--N 浓度也较初始日有所上升，但各组的回复率均不明显［图 9.4（c）］。

河水中的活性硅酸盐（SiO_3^{2-}-Si）浓度低于湖水，因此各处理组的变化率均为负值，且与引水量呈正相关关系。引水结束后，各组活性硅酸盐浓度与第 25 天的浓度相比有所下降［图 9.4（d）］，这与泥沙的吸收有关。

细菌细胞丰度的变化率与引水期的引水量呈负相关关系，T4 和 T5 组细菌细胞丰度的变化率为负。停止引水 5 天后，T1～T4 组细菌细胞丰度回复率均为正值，而 T5 组为负值［图 9.4（e）］。虽然细菌细胞数量可能在较长的时间内得到恢复，但大流量引水的影响无法在短期内得到恢复。

敏感参数的恢复表明，引水对湖泊生态系统的影响是可逆的、持久的。对于太湖富营养化湖区，"引江济太"工程对环境的改善有积极的促进作用，应长期规划保持。

3. 引水流量与理化参数变异的耦联关系

引水引起的生态效应具有时间敏感性，不同引水时期水生生态系统的反应是不同的。本研究分别在第 5 天、第 15 天和第 25 天评价了敏感水生态参数变化值与引水量之间的定量线性关系。TN、NO_3^--N、SiO_3^{2-}-Si 和细菌细胞丰度等参数的变化与引水量有良好的相关性。图 9.5（a）显示了 TN 浓度变化与引水量之间的拟合线性曲线，可见其数量关系在第 5 天和第 15 天均为正，而在第 25 天为负。第 25 天的负关系与微生态系统湖水 TN 浓度被河水稀释引起的沉积物氮释放有关。NO_3^--N 浓度与引水量之间的定量关系也相似［图 9.5（b）］。

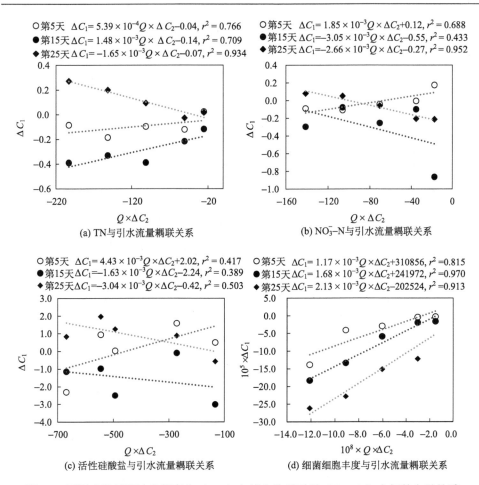

图9.5　不同实验日湖泊参数变化（ΔC_1）与流入物质质量（$Q \times \Delta C_2$）之间的定量关系

　　活性硅酸盐的线性拟合曲线与氮的不同[图9.5（c）]。在引水初期，引水量增加能快速降低微生态系统活性硅酸盐的浓度。引水中期和后期，定量关系表现为负值，且引水量增加的作用效果并不明显。引水期不同阶段细菌细胞丰度与引水量均呈正相关关系[图9.5（d）]。

　　本次研究中，我们试图定量化引水流量与敏感参数之间的数量关系，从而能够实现引水工程生态效应预测。但是由于实际环境难以控制，这个关系很难得到。微生态系统模拟提供了一个可能的方法。湖泊生态系统的结构一直都很复杂，且受众多因素影响，微生态系统模型设置越多，得到的定量关系也越接近实际环境。

　　为揭示引水引起的细菌细胞丰度与环境变化之间的定量关系，采用 Pearson 相关分析法选择显著相关的理化参数。TN、NO_3^--N 浓度与细菌细胞丰度显著相关[图9.6]。氮是细菌生长和增殖的必要营养物质。在淡水湖泊中，氮素水平与细菌细胞丰度始终呈正相关关系（冯胜等，2006）。本研究中，不同的引水量对氮浓度的改善不同。在相当于 $100m^3/s$ 实际引水量的模拟引水量条件下，引水模拟微生态系统的水质有明显改善。引水量增加可能会更快地改善太湖北部的生态环境。

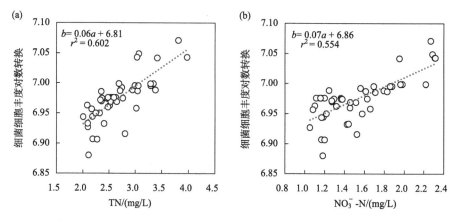

图9.6　微生态系统中细菌细胞丰度与氮含量之间的定量关系

9.3　结　　论

　　本研究构建了微生态系统模型，模拟引长江水至太湖后对湖泊的生态影响。结果表明，引水的改善效果与引水水量正相关。引水量等于或大于 $100m^3/s$ 时，可显著降低湖泊氮浓度，提高水体氧含量。引水对微生态系统的影响是可逆的、持久的。引水引起的氮和硅酸盐浓度变化与引水量呈定量关系。在引水初期、中期和后期，定量关系各不相同，这取决于不同参数的敏感性。作为敏感微生物指标，湖水中细菌细胞丰度的减少与引水量和理化参数的变化相关。这说明引水引起的环境变化在短时间内对微生物产生了显著影响。在不同引水期，细菌细胞丰度与引水量之间存在不同的定量相关性，表明引水对生态环境影响具有时间敏感性。

参 考 文 献

白洁, 张昊飞, 李岢然, 等. 2004. 海洋异养浮游细菌生物量及生产力的制约因素[J]. 中国海洋大学学报(自然科学版), (4): 594-602.

冯胜, 高光, 秦伯强, 等. 2006. 太湖北部湖区水体中浮游细菌的动态变化[J]. 湖泊科学, 18(6): 636-642.

韩沙沙, 温琰茂. 2004. 富营养化水体沉积物中磷的释放及其影响因素[J]. 生态学杂志, 23(2):

98-101.

郝文斌, 唐春燕, 滑磊, 等. 2012. 引江济太调水工程对太湖水动力的调控效果[J]. 河海大学学报(自然科学版), 40(2): 129-133.

金相灿, 屠清瑛. 1990. 湖泊富营养化调查规范. 2 版[M]. 北京: 中国环境科学出版社.

马倩, 田威, 吴朝明. 2014. 望虞河引长江水入太湖水体的总磷、总氮分析[J]. 湖泊科学, 26(2): 207-212.

孙凌, 金相灿, 杨威, 等. 2007. 硅酸盐影响浮游藻类群落结构的围隔试验研究[J]. 环境科学, 28(10): 2174-2179.

太湖流域管理局. 2013. 太湖流域引江济太年报[R]. 上海: 太湖流域管理局.

王心芳, 魏复盛, 齐文启. 2002. 水和废水监测分析方法[M]. 北京: 中国环境出版社.

谢兴勇, 钱新, 钱瑜, 等. 2008. "引江济巢" 工程中水动力及水质数值模拟[J]. 中国环境科学, 28(12): 1133-1137.

赵琰鑫, 张万顺, 吴静, 等. 2012. 水利调度修复东湖水质的数值模拟[J]. 长江流域资源与环境, 21(2): 168-173.

周丹丹, 马放, 董双石. 2007. 溶解氧和有机碳源对同步硝化反硝化的影响[J]. 环境工程学报, 1(4): 25-28.

Chuai X M, Ding W, Chen X F, et al. 2011. Phosphorus release from cyanobacterial blooms in Meiliang Bay of Lake Taihu, China[J]. Ecological Engineering, 37(6): 842-849.

Dai J Y, Wu S Q, Wu X F, et al. 2018. Effects of water diversion from Yangtze River to Lake Taihu on the phytoplankton habitat of the Wangyu River channel[J]. Water, 10(6): 759.

Funes A, Vicente J D, Cruz-Pizarro L, et al. 2016. Magnetic microparticles as a new tool for lake restoration: A microcosm experiment for evaluating the impact on phosphorus fluxes and sedimentary phosphorus pools[J]. Water Research, 89: 366-374.

Gao G, Qin B Q, Sommaruga R, et al. 2007. The bacterioplankton of Lake Taihu, China: Abundance, biomass, and production[J]. Hydrobiologia, 581(1): 177-188.

Hosper S H. 1998. Stable states, buffers and switches: An ecosystem approach to the restoration and management of shallow lakes in the Netherlands[J]. Water Science and Technology, 37(3): 151-164.

Hu W P, Zhai S J, Zhu Z C, et al. 2008. Impacts of the Yangtze River water transfer on the restoration of Lake Taihu[J]. Ecological Engineering, 34(1): 30-49.

Li Y P, Acharya K, Yu Z B. 2011. Modeling impacts of Yangtze River water transfer on water ages in Lake Taihu, China[J]. Ecological Engineering, 37(2): 325-334.

Li Y P, Tang C Y, Wang C, et al. 2013. Assessing and modeling impacts of different inter-basin water transfer routes on Lake Taihu and the Yangtze River, China[J]. Ecological Engineering, 60: 399-413.

Liu Y, Wang Y L, Sheng H, et al. 2014. Quantitative evaluation of lake eutrophication responses under alternative water diversion scenarios: A water quality modeling based statistical analysis approach[J]. Science of the Total Environment, 468-469: 219-227.

Monchamp M E, Spaak P, Domaizon I, et al. 2018. Homogenization of lake cyanobacterial communities over a century of climate change and eutrophication[J]. Nature Ecology and Evolution, 2(2): 317-324.

Paerl H W, Dyble J, Moisander P H, et al. 2003. Microbial indicators of aquatic ecosystem change: Current applications to eutrophication studies[J]. FEMS Microbiology Ecology, 46(3): 233-246.

Paerl H W, Gardner W S, Havens K E, et al. 2016. Mitigating cyanobacterial harmful algal blooms in aquatic ecosystems impacted by climate change and anthropogenic nutrients[J]. Harmful Algae, 54: 213-222.

Paerl H W, Huisman J. 2008. Blooms like it hot[J]. Science, 320(5872): 57-58.

Peng H. 2011. Effects of resuspension on the transfer and transformation of nitrogen and phosphorus species at sediments-water interface in simulative lake system[J]. Research Journal of Chemistry and Environment, 15(4): 14-17.

Psenner R, Alfreider A, Schwarz A. 2008. Aquatic microbial ecology: Water desert, microcosm, ecosystem. What's next? [J] . International Review of Hydrobiology, 93(4-5): 606-623.

Qin B Q. 2009. Lake eutrophication: Control countermeasures and recycling exploitation[J]. Ecological Engineering, 35(11): 1569-1573.

Qin B Q, Gao G, Zhu G W, et al. 2013. Lake eutrophication and its ecosystem response[J]. Chinese Science Bulletin, 58(9): 961-970.

Qin B Q, Li W, Zhu G W, et al. 2015. Cyanobacterial bloom management through integrated monitoring and forecasting in large shallow eutrophic Lake Taihu (China) [J]. Journal of Hazardous Materials, 287(2): 356-363.

Ragueneau O, Chauvaud L, Leynaert A, et al. 2002. Direct evidence of a biologically active coastal silicate pump: Ecological implications[J]. Limnology and Oceanography, 47(6): 1849-1854.

Schindler D W. 1974. Eutrophication and recovery in experimental lakes: Implications for lake management[J]. Science, 184(4139): 897-899.

Shade A, Read J S, Welkie D G, et al. 2011. Resistance, resilience and recovery: Aquatic bacterial dynamics after water column disturbance[J]. Environmental Microbiology, 13(10): 2752-2767.

Sinha E, Michalak A M, Balaji V. 2017. Eutrophication will increase during the 21st century as a result of precipitation changes[J]. Science, 357(6349): 405-408.

Wang P, Wang C. 2013. Water quality in Taihu Lake and the effects of the water transfer from the Yangtze River to Taihu Lake project[J]. Comprehensive Water Quality and Purification, 4: 136-161.

White J R, Fulweiler R W, Li C Y, et al. 2009. Mississippi River flood of 2008: Observations of a large freshwater diversion on physical, chemical, and biological characteristics of a shallow estuarine lake[J]. Environmental Science and Technology, 43(15): 5599-5604.

Wu Y, Dai R, Xu Y F, et al. 2018. Statistical assessment of water quality issues in Hongze Lake, China, related to the operation of a water diversion project[J]. Sustainability, 10(6): 1885.

Yao X L, Zhang L, Zhang Y L, et al. 2018. Water diversion projects negatively impact lake metabolism: A case study in Lake Dazong, China[J]. Science of the Total Environment, 613-614: 1460-1468.

Zhai S J, Hu W P, Zhu Z C. 2010. Ecological impacts of water transfers on Lake Taihu from the Yangtze River, China[J]. Ecological Engineering, 36(4): 406-420.

Zhang X L, Zou R, Wang Y L, et al. 2016. Is water age a reliable indicator for evaluating water quality effectiveness of water diversion projects in eutrophic lakes? [J]. Journal of Hydrology, 542: 281-291.

Zou R, Zhang X L, Liu Y, et al. 2014. Uncertainty-based analysis on water quality response to water diversions for Lake Chenghai: A multiple-pattern inverse modeling approach[J]. Journal of Hydrology, 514: 1-14.

第10章　营养水平对贡湖湾水质及藻类影响模拟

"引江济太"工程运行过程中，长江水经望虞河流至太湖，沿程支流污水的汇入、污染物的沉浮、底泥的吸附与释放等多种作用使调入的水体水质劣于湖水，这对太湖水体的水质影响很大（贾锁宝等，2008）。据研究，大量氮、磷的输入会直接助长蓝藻水华，但一定程度后，硅藻或者小颗粒蓝藻更适宜生长（Ma et al.，2014）。同时，调水输入湖泊的污染物质在水体中形态的转化也会影响浮游藻类对营养盐的利用，可能会促进其生长和增殖，抑或产生抑制；受污染的来水还可能带来浮游藻类生长的限制因子（如铁、硅等）（许海等，2012）。所以关注不同营养水平下调水对贡湖湾湖区的影响效果，找出主要影响环境因子，可为合理地制定调水河道治理方案、优化"引江济太"工程调度水质提供依据，"引江济太"工程才能更有效地发挥作用。

本章通过室内水生微宇宙模型合理设定调水常规流量，对不同营养水平下的调水进行模拟实验，研究不同营养水平下调水后受水水体环境因子的改变与浮游藻类群落的演替及其相关性。

10.1　材料与方法

于2014年10月从太湖贡湖湾湖区、常熟水利枢纽长江段和望虞河西岸河段采集河流与湖泊原水，湖水共采集75L，长江水与望虞河西岸河水分别采集15L，运至实验室中。同时，现场测定长江、河水与湖水水温、pH、DO、总溶解性固体（TDS）等指标，室内测定 SiO_3^{2-}-Si、TN、NO_3^--N、NH_4^+-N、TP、SRP、TOC等指标，具体指标值如表10.1所示。

表 10.1　湖水及望虞河河水理化指标

理化指标	水温/℃	pH	DO/(mg/L)	TDS/(mg/L)	SiO_3^{2-}-Si/(mg/L)	TN/(mg/L)
湖水	28.75	7.78	10.15	425	1.26	0.926
河水	28.1	6.52	9.79	271	2.39	1.57
理化指标	NO_3^--N /(mg/L)	NH_4^+-N /(mg/L)	TP /(mg/L)	SRP /(mg/L)	TOC /(mg/L)	
湖水	0.159	0.331	0.075	0.007	4.27	
河水	0.819	0.46	0.060	0.018	2.08	

与 2011～2014 年夏季望虞河入湖口河水与贡湖湾湖水常规水体理化指标含量（表 10.2）进行对比，所采水样的 TN、TP、有机物等主要指标均在流域水体平均水平，具有代表性。

表 10.2　2011～2014 年夏季望虞河入湖口与贡湖湾湖区常规水体理化指标含量

水体理化指标	望虞河入湖口					贡湖湾				
	2011 年	2012 年	2013 年	2014 年	均值	2011 年	2012 年	2013 年	2014 年	均值
水温/℃	30.0	31.9	26.9	26.4	28.8		31.4	33.2	29.6	31.4
pH	7.4	7.9	7.4	7.5	7.55		8.8	8.9	8.4	8.7
COD_{Mn}/(mg/L)	5.9	4.7	4.3	3.4	4.6		3.5	4.1	4.1	3.9
TN/(mg/L)	3.06	2.23	2.33	2.39	2.50	—	1.11	0.90	1.32	1.11
NH_4^+-N/(mg/L)	0.99	0.17	0.43	0.47	0.52		0.19	0.09	0.16	0.15
NO_3^--N/(mg/L)	1.72	0.66	1.32	1.31	1.25		0.05	0.09	0.29	0.15
TP/(mg/L)	0.147	0.096	0.104	0.138	0.121		0.075	0.067	0.047	0.063
SRP/(mg/L)	0.069	0.015	0.058	0.089	0.058		0.013	0.009	0.010	0.010

10.1.1　实验模型建立

采集的湖水于 24h 内分装至 12 个 5L 的锥形瓶中，并放置于人工气候箱中作为受水湖泊模拟体系，将江水与河水等体积混合之后作为富营养水平的望虞河来水，用纯水将采集来的河水逐级稀释，分别稀释 10 倍、100 倍，分别作为中营养和贫营养水平的河水，稀释后河水各项理化指标值见表 10.3。

表 10.3　不同营养水平望虞河河水水样理化指标

理化指标	水温/℃	pH	DO/(mg/L)	TDS/(mg/L)	SiO_3^{2-}-Si/(mg/L)
富营养河水	28.1	6.52	9.79	271	2.39
中营养河水	28.2	6.11	9.29	43	0.51
贫营养河水	28.4	6.18	9.25	4	0.08

理化指标	TN/(mg/L)	NO_3^--N/(mg/L)	NH_4^+-N/(mg/L)	TP/(mg/L)	SRP/(mg/L)	TOC/(mg/L)
富营养河水	1.57	0.819	0.46	0.060	0.018	2.08
中营养河水	0.35	0.193	0.08	0.014	0.004	0.30
贫营养河水	0.04	0.017	0.01	0.002	0.002	0.04

依据水利部《地表水资源质量评价技术规程》（SL 395—2007）湖泊营养状态评价标准，本次实验设计的三种营养水平河水的主要营养盐指标均在标准设定范围内。

　　将设定好的河水分装于 5L 的锥形瓶中，通过透明塑料导管将河水引入模拟生态系统中。调水流量调节按每滴河水 0.05mL 计算，采用螺纹轴控制阀门进行滚动调节。选取望虞河调水的常规流量 100m³/s，根据贡湖湾全年平均水量（2.7×10⁸ m³）与模拟实验体系水量（5L）的比值，计算并设置模拟实验的调水水量，为 172.8mL/d。

　　实验设置不调水对照组（C）和以上三种营养水平调水处理组（贫营养水平调水组 O、中营养水平调水组 M、富营养水平调水组 E），每组设 3 个重复，共 12 个实验体系，随机放置于人工气候箱中进行培养。根据夏季太湖水体平均水温，将模拟实验的培养温度定为 30℃，光照度定为 4000lx，相对湿度均控制为 75%～80%，光照时间为昼夜 1∶1。

　　图 10.1 为一组营养水平的调水实验装置，同一流量组设置三个平行水样。

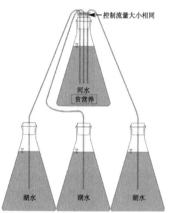

图 10.1　实验装置示意图

10.1.2　实验方案设置

　　鉴于微宇宙实验体系体积有限，藻类培养过程中可能存在营养盐限制问题，实验初步培养 11 天，按设定调水量逐日添加河水于实验体系中。第 2 日添加河水前，先混合受水水体，抽取与添加河水量等体积的受水水体，再添加河水。实验期间，保持实验体系水量一致。采样时间设置为实验运行的第 1、3、5、7、9、11 天与第 16 天，其中调水期为 11 天，第 12 天后停止调水，于第 16 天取样观察调水结束后受水实验体系浮游藻类的恢复情况。

　　实验第 1 天，先分别测定河水与湖水的理化指标和鉴定浮游藻类生物量与群落组成，作为背景值。每次样品采集前，先测定受水水体的水温、pH、DO、TDS和浊度。实验从每个体系中各取 200mL 水样，分别用于测定水体 TN、TP、NH₄⁺-N、

NO_3^--N、SRP、$SiO_3^{2-}-Si$ 及 TOC 含量。每个实验体系再取 200mL 水样，并将每个实验组的三个平行水样进行混合后量取 300mL 作为浮游藻类水样，向其中加入 5mL 的鲁哥试剂，固定浮游藻类样品，经 24h 沉降浓缩至 10mL，用于浮游藻类群落与生物量的鉴定分析。

10.1.3　样品检测分析方法

利用哈希（HACH）AP-2000 便携式多参数分析仪测定水温、pH、DO，利用哈希（HACH）2100P 便携式浊度仪测定水体浊度。水样 TN、TP 参照《湖泊富营养化调查规范》（金相灿和屠清瑛，1990）中的相关方法进行测定，首先加碱性过硫酸钾消解，其中 TN 直接用紫外分光光度法、TP 用钼锑抗分光光度法测定；水样过滤后测定溶解性理化指标，其中 SRP 采用钼锑抗分光光度法（金相灿和屠清瑛，1990）、NO_3^--N 采用双波长法（何漪等，2005）、NH_4^+-N 采用纳氏试剂分光光度法（魏复盛，2002）、COD_{Mn} 采用紫外分光光度法（宋保军等，2009）、Chl-a 采用热乙醇法（冯青英等，2012）测定，$SiO_3^{2-}-Si$ 的测定同 7.1.3 节，TOC 采用德国 Jena（multi N/C 3100）总有机碳/总氮分析仪测定。

采用藻类细胞自动识别和计数软件进行浮游藻类群落的鉴定和计数，取 0.1mL 经静置浓缩预处理后的样品于 0.1mL 藻类计数框中，在 16×40 倍的生物显微镜下成像和计数，每个样品随机均匀读取 100 个可用视图。所获得的视图经藻类自动识别和计数软件处理，用以鉴定浮游藻类群落和计算浮游藻类生物量。每个样品计数两片，如果两次的误差大于 15%，则进行第三片计数，取误差在 15% 以内的计数结果的均值作为最终鉴定结果。

10.1.4　数据处理方法

水质指标数据剔除明显的系统误差和离群值，计算三组平行样的平均值（±标准偏差）作为最终结果再进行统计分析。

（1）利用 SPSS 软件对水体理化指标进行各组间方差分析。

（2）采用 Excel 软件对水质数据、藻类群落组成和细胞密度数据进行作图与拟合，对比调水前后不同点位的水质、浮游藻类群落差异。

（3）利用 PRIMER-e 软件计算藻类 Shannon-Wiener 多样性、Pielou 均匀度，通过聚类分析、多维尺度分析和群落结构差异显著性检验等模块进行相似性分析（ANOSIM）检验，比较浮游藻类群落结构差异性。浮游藻类作为水环境的初级生产者，其多样性指数可以作为衡量一个群落稳定性和水环境状况的重要指标。种类越多或各种类的个体数量分布越均匀，多样性指数越高，说明其群落组成的重复性小，群落的稳定性大，水环境状况良好（路学堂，2013）。多样性指数发生变化间接说明藻类植物的群落结构和生物量的变化，并且藻类植物多样性的变化也会影响生态系统对环境变化的恢复力、抵抗力和稳定性（张囡囡，2013）。群落的均匀度也是反映群落结构特征的一个重要指标，是实际多样性指数与理论最大多样性指数的比值，其数值范围在 0～1，用它来评价浮游藻类的多样性更为直观、清晰，能够反映出各群落个体数目分配的均匀程度。

常用的多样性指数有 Berger-Parker 指数（d）、Margalef 指数（d_{Ma}）、Simpson 指数（λ）、Shannon-Wiener 指数（H'）和 Pielou 均匀度指数（J_e）。本书采用 Shannon-Wiener 指数（H'）和 Pielou 均匀度指数（J_e）进行分析（孔凡洲等，2012），计算过程由 PRIMER-e 软件完成。

（4）利用 Canoco for windows 软件对浮游藻类的群落结构做主成分分析（PCA），以进一步比较调水前后藻类群落结构的显著性差异。

PCA 属于非约束性的排序方法，是将多个变量通过线性变换选出较少的重要变量以便于描述、理解和分析的一种多元统计方法，又称主分量分析。通常情况下，这种运算可以被看作是揭露数据的内部结构，从而更好地解释数据的变量的方法。本章采用主成分分析对浮游藻类群落结构进行排序分析，即把所调查的藻类群落物种按照相似度来排定各样本的位序，从而分析各物种之间的相互关系。通常数学上的处理就是将原来 P 个指标做线性组合作为新的综合指标。最经典的做法就是用 F1（选取的第一个线性组合，即第一个综合指标）的方差来表达，即 Var（F1）越大，表示 F1 包含的信息越多。因此，在所有的线性组合中选取的 F1 应该是方差最大的，故称 F1 为第一主成分。如果第一主成分不足以代表原来 P 个指标的信息，再考虑选取 F2，即选第二个线性组合，为了有效地反映原来的信息，F1 已有的信息就不需要再出现在 F2 中，用数学语言表达就是要求 Cov（F1，F2）=0，则称 F2 为第二主成分，以此类推可以构造出第三、第四……第 P 个主成分（于秀林和任雪松，1999）。

主成分分析的排序结果以二维排序图展示出来，图上两条排序轴即代表第一和第二主成分，图上的点代表每一个物种样方，用直线将样方与其他样方连接起来，样方之间的线段长度便是欧几里得距离，长度越短代表两者之间的差异性越小，反之越大。

（5）利用 Canoco for windows 软件将群落结构与水体环境因子进行排序、多元统计和蒙特卡洛检验，完成冗余分析（RDA），找出影响藻类群落变化的主要环境因子，分析调水引起的湖区水环境条件的改变对浮游藻类群落变化的贡献。

在统计学中，冗余分析利用原始变量与典型变量之间的相关性来分析引起原始变量变异的原因。以原始变量为因变量，典型变量为自变量，建立线性回归模型，则相应的确定系数等于因变量与典型变量间相关系数的平方。它描述了由于因变量和典型变量的线性关系引起的因变量变异在因变量总变异中的比例。冗余分析常用来研究物种多样性与环境因子的相关性，是一种约束性线性直接梯度排序方法，其将样点投射到两条排序轴构成的二维平面上，通过样点的散集形态、在象限的分布等来反映研究区的特点。其排序轴是参与排序的环境变量的线性组合，解释变量对于响应变量的影响被集中在合成的排序轴上，此排序轴也叫典范轴。RDA 排序图能够独立保持各个环境变量对生物群落变化的贡献率，其样方排序值既反映了物种组成及生态重要值对群落的作用，也反映了环境因子的影响。在由主轴 1 和主轴 2 构成的二维排序平面图中，箭头表示环境因子在平面上的相对位置，向量长短代表其在主轴中的作用，箭头所处象限表示环境因子与排序轴之间相关性的正负。分析时，可以做出某一种类与环境因子连线的垂直线，垂直线与环境因子连线的交点离箭头越近，表示该种类与该类环境因子的正相关性越大，处于另一端则表示与该类环境因子的负相关性越大。

10.2　结　果　分　析

10.2.1　不同营养水平调水影响下水质变化特征

不同营养水平调水条件下，受水水体理化指标的变化如图 10.2 所示。

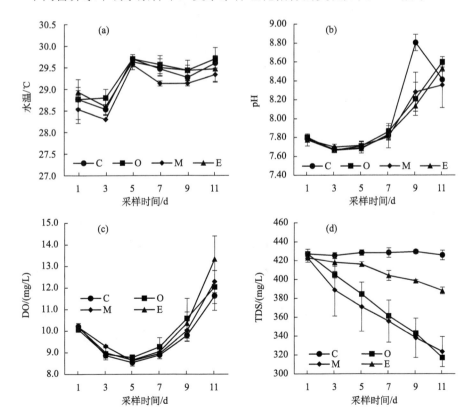

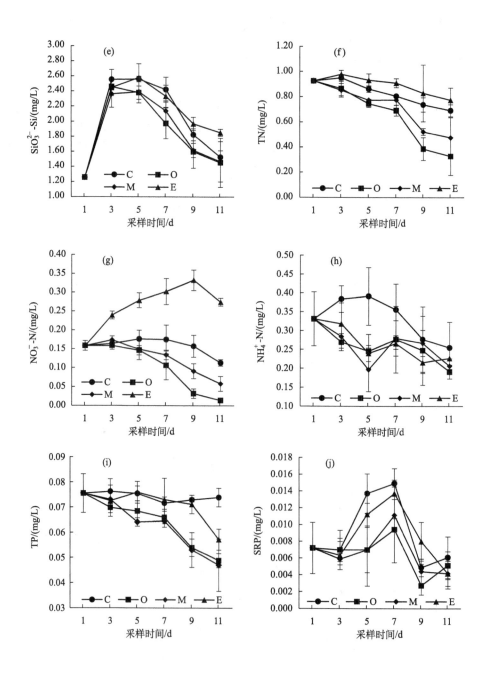

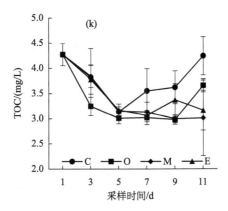

图 10.2　各实验组水体理化指标变化图

实验过程中，各实验组的水温在调水初期较低，第 3 天后水温升高，之后趋于稳定，均值在 28.3～29.7℃[图 10.2（a）]，实验中水温的变化符合太湖夏季水温的常态，不是影响实验结果的因素。

pH 在 7.66～8.60[图 10.2（b）]，调水初期受水水体 pH 略低于贡湖湾夏季多年平均值，随着调水进行，pH 有所增大，这与水体中浮游藻类生长、光合作用引起的水体物质的转化有关（张澎浪和孙承军，2004）。各组间水温和 pH 并无显著性差异（$p > 0.05$）。

水体 DO 含量随调水时间的增加先下降，第 5 天后又上升，同一实验组不同时间点的 DO 含量差异显著[图 10.2（c），$p < 0.001$]，说明随着调水的进行 DO 含量的变化大，但各实验组间无明显差异（$p > 0.05$）。

实验过程中，各组间水体的 TDS 随着调水时间的变化差异显著[图 10.2（d），$p < 0.05$]，对照组 C 基本保持不变，实验组 E 随着调水的进行有所下降，实验组 O 和 M 之间变化相似且无明显差异（$p > 0.05$），随调水的进行下降明显，最终实验组 O、M 的 TDS 远小于实验组 E，说明不同营养水平的调水对水体 TDS 的影响不同。

SiO_3^{2-}-Si 浓度先增加，然后随调水的进行一直下降，同一实验组不同时间点的 SiO_3-Si 含量差异显著[图 10.2（e），$p < 0.001$]，调水使受水水体 SiO_3^{2-}-Si 含量先增后减，这与藻类的生消有很大关系；实验组 E 与其他实验组有显著差异（$p < 0.05$），其 SiO_3^{2-}-Si 浓度整体高于其他实验组。

TN 含量随着调水时间变化明显[图 10.2（f），$p < 0.05$]，整体都为下降趋势，各组间差异显著（$p < 0.05$），实验组 E 的 TN 含量最高，下降趋势缓慢，整体高于对照组 C，实验组 O 和 M 下降明显，TN 含量明显低于对照组 C。NO_3^--N 含量各组差异显著，除了实验组 E 随时间变化而上升[图 10.2（g），$p < 0.001$]外，对照组 C 调水后期有所下降，实验组 O 和 M 均随时间变化一直下降，最后都低于初始

状态。NH_4^+-N 含量随调水时间的变化差异明显[图 10.2（h），$p<0.05$]，除对照组 C 先增后减外，其他三个实验组均是先下降，第 5 天降到最低，而后有所增加，但整体呈下降趋势。

TP 含量整体随着调水时间的变化呈下降趋势[图 10.2（i），$p<0.05$]，各组变幅不同，有显著性差异（$p<0.05$），实验组 E 和对照组 C 在调水前期变化不明显，略有下降，第 9 天后实验组 E 的 TP 含量大幅下降，实验组 O 和 M 变化相似，TP 含量随调水的进行下降明显，最终远小于对照组 C 和实验组 E。SRP 的含量从第 1 天到第 7 天都是在上升，第 7 天后急剧降低到最小值，第 11 天又小有增加，最终低于初始值[图 10.2（j），$p<0.001$]，实验组 O 和 M 变化趋势相似，整体低于对照组 C 和实验组 E（$p<0.05$）。

TOC 含量受调水时间影响变化明显[图 10.2（k），$p<0.05$]，第 5 天下降到最小值后对照组 C 恢复到初始状态，三个实验组则一直下降，最后均低于初始值，对照组与三个实验组差异显著（$p<0.05$）。

总体上看，不同营养水平调水对各水体理化指标均有显著影响，各组 pH、DO 的变化相似，均是先下降后上升；TDS、TN、TP 则呈下降趋势，且中营养和贫营养水平调水的影响效果相似，下降幅度大于富营养水平；SiO_3^{2-}-Si 含量先增后减；富营养水平调水组的 NO_3^--N 含量随时间上升，其他实验组则有所下降，各组间差异显著；SRP 先增后减；NH_4^+-N 和 TOC 含量整体呈下降趋势。这些指标组间有显著性差异，且富营养水平调水组值略高于中营养和贫营养水平调水组。

10.2.2　不同营养水平调水影响下藻类群落的动态响应特征

1. 藻类群落组成的变化

整个实验过程中，4 个实验组的水体中共检出浮游藻类 8 门 41 属，分别为蓝藻门的微囊藻属（*Microcystis* Kützing）、鱼腥藻属（*Anabena* Bory）、伪鱼腥藻（*Pseudanabaena* Komárek）、颤藻属（*Oscillatoria* Vauch. ex Gom.），绿藻门的小球藻属（*Chlorella* Beijerinck）、栅藻属（*Scenedesmus* Meyen）、空星藻属（*Coelastrum* Nägeli）、空球藻属（*Eudorina* Ehrenberg）、韦氏藻属（*Westella* Wildemann）、十字藻属（*Crucigenia* Morren）、四角藻属（*Tetraedron* Kützing）、纤维藻属（*Ankistrodesmus* Corda）、四球藻属（*Tetrachlorella* Korschikoff）、肾形藻属（*Nephrocytium* Nägeli）、卵囊藻属（*Oocystis* Nägeli）、盘星藻属（*Pediastrum* Meyen）、蹄形藻属（*Kirchneriella* Schmidle）、四粒藻属（*Quadricoccus* Fott）、月牙藻属（*Selenastrum* Reinsch）、鼓藻属（*Cosmarium* Corda ex Ralfs）、弓形藻属（*Schroederia* Lemmermann em. Korschikoff）、新月藻属（*Closterium* Nitzsch）、转板藻属（*Mougeotia* Agardh）、网球藻属（*Dictyosphaerium* Nageli），硅藻门的舟形

藻属（*Navicula* Bory）、针杆藻属（*Synedra* Ehrenberg）、直链藻属（*Melosira* Agardh）、长蓖藻属（*Neidium* Pfitzer）、双菱藻属（*Surirella* Turpin）、卵形藻属（*Cocconeis* Ehrenberg）、脆杆藻属（*Fragilaria* Lyngbye）、桥弯藻属（*Cymbella* Agardh）、布纹藻属（*Gyrosigma* Hassall）、小环藻属（*Cyclotella* Kützing ex Brébisson），金藻门的锥囊藻属（*Dinobryon* Ehrenberg）、鱼鳞藻属（*Mallomonas* Perty），裸藻门的扁裸藻属（*Phacus* Dujardin），黄藻门的黄丝藻属（*Tribonema* Derbes et Solier），隐藻门的蓝隐藻属（*Chroomonas* Hangsg.）、隐藻属（*Cryptomonas* Ehrenberg）和甲藻门的裸甲藻属（*Gymnodinium* Stein）。

表 10.4 所列的是调水期间各实验组的优势藻种情况，从表中可以看出，对照组与三个实验组中，初始时微囊藻为绝对优势藻种，随着调水的进行，后期优势藻种有向绿藻、硅藻转变的趋势。

表 10.4 各实验组的优势藻种

调水时间/d	实验组			
	C	O	M	E
1	微囊藻	微囊藻	微囊藻	微囊藻
3	微囊藻	微囊藻	鱼腥藻	鱼腥藻
5	微囊藻	微囊藻	微囊藻	鱼腥藻
7	微囊藻	微囊藻	微囊藻	微囊藻
9	微囊藻	微囊藻	微囊藻	伪鱼腥藻
11	微囊藻	转板藻	转板藻	伪鱼腥藻

实验期间藻类群落组成的相对比例变化如图 10.3 所示，实验组在调水初期几乎全是蓝藻，随着调水的进行，绿藻和硅藻比例有所增加，但仍以蓝藻为主，停止调水后的第 5 天（即实验的第 16 天）绿藻成为优势藻种，比较调水过程发现，实验组 O 和 M 的蓝藻比例下降明显，最终（调水第 11 天）蓝藻比例大小顺序为 C>E>M>O，各组之间差异显著（$p < 0.05$）。

由不同营养水平调水下总藻类细胞密度变化（图 10.4）可以看到，总藻类细胞密度随调水时间增加表现出明显的变化，对照组 C 和各实验组的总藻类细胞密度均随时间不断增加，停止调水后稍有下降，但实验组总藻类细胞密度在调水后期增长幅度低于对照组，说明调水虽然未能使总藻类细胞密度呈下降趋势，但对藻类生长速率有一定抑制作用，调水后期各组总藻类细胞密度大小为 C>E>M>O。调水未能使藻类在密度上有所减少，但促使藻类群落组成比例发生改变，绿藻和硅藻等非蓝藻种属比例上升，贫营养和中营养调水组对藻类群落变化影响更明显，富营养水平调水组的蓝藻比例下降幅度略小于对照组。

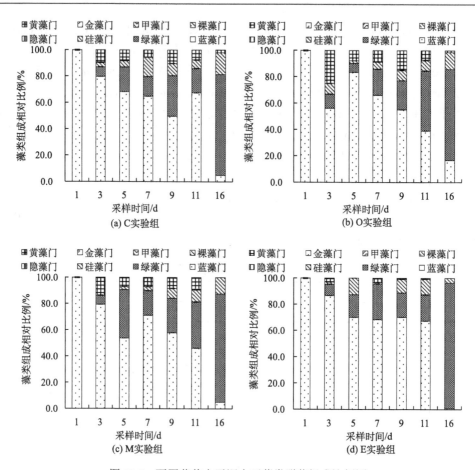

图 10.3　不同营养水平调水下藻类群落组成比例图

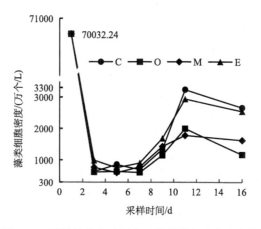

图 10.4　不同营养水平调水下总藻类细胞密度变化

2. 藻类细胞密度的变化

蓝藻、绿藻、硅藻三种主要藻种细胞密度的变化曲线如图 10.5 所示。由图可以看出,蓝藻细胞密度在调水第 1 天值很大(69919.02×10^4cell/L),分析由于采样时蓝藻处于大量繁殖后期,水样属于夏季贡湖湾蓝藻暴发典型湖水,实验开始后蓝藻细胞大量减少,实验组和对照组均骤降,说明实验开始时的蓝藻细胞减少受调水影响不大,这是藻细胞适应新环境、体系趋于稳定的过程。第 3 天系统稳定,随着调水的进行蓝藻细胞不断增加,到第 11 天达到最大值。对照组 C 和实验组 E 的蓝藻细胞密度大幅度增加,实验组 O 和 M 的数量波动较小,调水停止后蓝藻细胞生长受到抑制,数量几乎减少为零;硅藻细胞密度随时间略有增加,变化趋势比较平缓;绿藻数量平稳上升,调水停止后的第 5 天(实验的第 16 天)数量增至最大,并成为优势种,绿藻与蓝藻种属间存在着竞争胁迫,间接说明绿藻的生长对蓝藻起到抑制作用。对比三组实验组藻细胞密度,实验组 O 细胞密度增长最慢,贫营养和中营养对蓝藻细胞的抑制作用更明显。

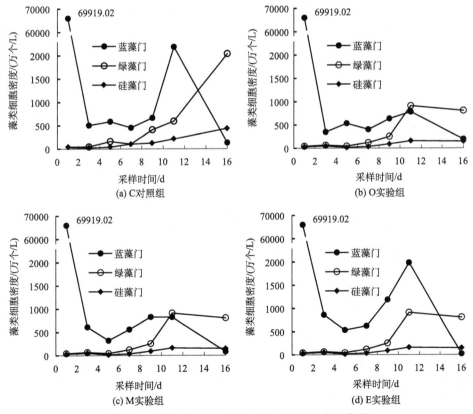

图 10.5　不同营养水平调水下藻类细胞密度变化图

3. 藻类群落多样性和均匀度的变化

调水过程中的水体 Shannon-Wiener 多样性指数[图 10.6（a）]和 Pielou 均匀度指数[图 10.6（b）]可以反映水体藻类群落的稳定程度。

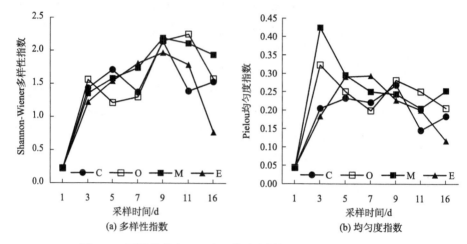

图 10.6　不同营养水平调水下藻类多样性和均匀度指数变化图

实验开始前各组多样性指数只有 0.22，因为藻类组成几乎全是蓝藻，体系还未稳定，第 3 天后多样性随着调水有所增加，调水后期多样性指数大小是 O>M>E>C，调水停止后实验组多样性均有所下降，而对照组却又增加，说明调水可以增加水体藻类多样性，且贫营养水平调水对水体的改善作用好于中营养和富营养水平调水；均匀度大小在调水的最后一天也是 O>M>E>C，实验开始前各组均匀度指数只有 0.043，除了实验组 E 均匀度先增后减外，其他实验组在第 3 天到最大值后开始下降，然后又增加再下降，停止调水后实验组 M 和对照组 C 的均匀度又有变大的趋势，实验组 O 和 E 则是直线下降。整体上，藻类多样性指数和均匀度指数较调水初期是增加的，说明调水后水体的稳定性增强，藻类种属分配趋于均匀，结果还可以看出不同营养水平调水对水体的多样性和均匀度指数的影响程度不同，贫营养调水的多样性和均匀度都要好于其他实验组。

4. 藻类群落结构相似性分析

不同营养水平调水实验的藻类数据主成分分析（PCA）结果如图 10.7 所示。从图上可以看出，第 1 主坐标轴的贡献率为 40.3%，解释了藻类群落结构变化差异信息的 40.3%，第 2 主坐标轴的贡献率为 12.8%，解释了藻类群落结构变化差异信息的 12.8%，二者累积贡献率为 53.1%，坐标轴为能够最大程度反映方差的两个特征值。图上的样方点代表不同实验组的藻类群落结构的组成，结果显示，各组样方点距离很近，不同调水日期的样方点距离较远，反映在排序图上随时间的变化趋势相似，即三组实验的藻类群落结构组成随时间的变化明显，但各组之间无明显差异，即群落结构未因调水营养水平不同产生区别。同时，对藻类群落结构进行相似性分析，结果与主成分分析一致，各实验组间相似性的 p 值均大于0.05，说明各实验组间藻类群落结构相似，短期内的不同营养水平调水未引起明显差异；分析调水前后群落结构相似性得到 $p<0.05$，说明调水前后藻类群落结构组成的差异显著，最终结果是不同营养水平调水实验并未能引起藻类群落结构组成间的显著差异，只是藻类群落结构组成和细胞密度的改变有所不同。

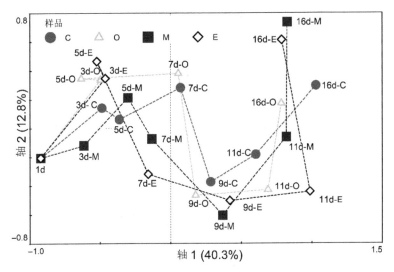

图 10.7   不同营养水平调水藻类群落结构的 PCA 排序图

10.2.3   藻类群落变化与环境因子相关性分析

根据藻类群落结构除趋势对应分析的结果，最大排序轴的长度为 1.586，藻类群落结构与环境因子相关性选用基于线性模型的冗余分析。RDA 分析结果见表10.5 和图 10.8。从 RDA 分析统计信息（表 10.5）可以看出，RDA 排序图（图 10.8）中第 1 排序轴和第 2 排序轴的特征值分别为 0.380 和 0.104，物种与环境因子排序轴的相关系数为 0.972 和 0.954，此排序可以较好地反映浮游藻类群落与环境因子的关系。

RDA 分析结果表明，藻类群落与水体环境因子相关关系的 62.5%体现在第 1排序轴上，前两个排序轴集中了全部排序轴所能反映全部相关关系的 79.6%，冗余分析手动选择所选的 DO、pH、SiO_3^{2-}-Si、TDS、NO_3^--N、SRP 这 6 个环境因子共解释了 60.8%的藻类物种数据，从 RDA 分析图上显示的箭头连线的长度可以

表 10.5 RDA 排序结果

项目	排序轴			
	1	2	3	4
特征值	0.380	0.104	0.047	0.041
物种–环境相关性	0.972	0.954	0.794	0.903
物种累计百分比	38.0	48.4	53.0	57.1
物种–环境关系累计百分比	62.5	79.6	87.2	93.9
典范特征值总和	0.608			

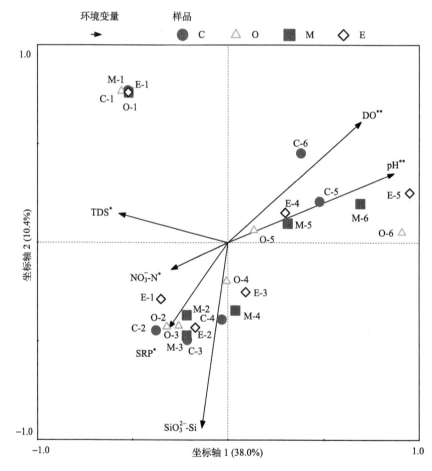

图 10.8 各实验组藻类群落与环境因子相关性的 RDA 排序图

*代表显著相关（$p \leqslant 0.05$）；**代表极显著相关（$p \leqslant 0.01$）

看出，选取的 6 个环境因子对浮游藻类群落都有一定程度的影响，所选环境因子在第 1、2 轴共解释了 48.4%藻类群落结构的变异，其中 pH、SiO_3^{2-}-Si 与 DO 分别解释了 30%、12%和 6%的藻类群落变化，pH（$p=0.002$）、SiO_3^{2-}-Si（$p=0.002$）、DO（$p=0.006$）三个因子的连线长度较长，与不同营养水平实验组藻类群落的变化相关性极显著，TDS（$p=0.036$）、SRP（$p=0.046$）、NO_3^--N（$p=0.048$）三个因子的连线长度略短，但也与藻类群落显著相关。根据代表不同调水日期藻类群落的样方点与环境因子分布情况，可以看出调水第 1 天（即背景值）藻类与 TDS 在同一象限，藻类样方与 TDS 呈正相关关系，因为 TDS 初始值较大，所以成为决定性因素。而后的调水过程中，初期主要是 SiO_3^{2-}-Si、NO_3^--N 和 SRP 影响水体藻类群落，NO_3^--N 与 TN 和 NH_4^+-N 自相关，故同时也表达了 TN 和 NH_4^+-N 对藻类的影响作用，调水期间不同实验组的水体理化指标含量发生了变化，故 SiO_3^{2-}-Si、NO_3^--N 和 SRP 与藻类的正相关性随时间在减弱，调水后期水体的 DO 和 pH 不断上升，成为藻类群落的主要影响因子，反过来后期藻类细胞密度的增多也促进了 DO 和 pH 的增大，所以后期水体的 DO、pH 与藻类群落呈明显的正相关关系。总体上看，不同营养水平的调水下实验水体浮游藻类群落结构的变化主要受水体 DO、pH、SiO_3^{2-}-Si、TDS、SRP、NO_3^--N 因子含量的影响。

10.3　讨　　论

实验从不同营养水平调水角度出发，从受水水体的水体理化指标、浮游藻类群落组成、细胞密度、多样性指数、群落结构等的变化及水体环境因子与藻类群落结构相关性方面对受水水体的生态效应做了系统的分析，发现不同营养水平调水带来的影响有显著差异。

10.3.1　水体理化指标的响应特征

实验组和对照组水温在第 3 天后均有所升高，分析是由于培养箱等外部条件影响造成的，并非由调水引起，实验水体的水温变化在适宜藻类生长的范围之内，不是本实验中调水引起藻类细胞密度和群落组成比例变化的因素。pH 和 DO 是水体的基本理化指标，既影响着藻类的生长繁殖，又受到藻类的影响，本次调水实验中，pH 和 DO 的变化趋势相似，都随着调水的进行先减小后增大，逐渐成为藻类适宜生活的环境，并略高于一般值，所以 pH 和 DO 在后期与藻类呈现出高的正相关性。由于对照组与各实验组之间无显著性的差异，所以水体中 pH 和 DO 的变化很可能是水体中藻类的生长引起的，而不是由调水引起的。

TDS 表示水体中所含盐类的数量，本实验中，不同实验组的河水 TDS 在量级上有差别，调引到湖水中引起湖水 TDS 的变化有显著性差异。三个实验组与对照组相比都呈下降趋势，中营养和贫营养调水组对水体 TDS 的影响效果相似，都好于富营养调水组。

实验中的各组受水水体的 SiO_3^{2-}-Si 含量都是在调水初期有所增加，之后开始下降，对比发现，富营养调水组的 SiO_3^{2-}-Si 含量要高于其他实验组，毕竟不同调水组河水 SiO_3^{2-}-Si 含量相差很多，分析是由于水体中硅藻的生长繁殖对 SiO_3^{2-}-Si 的利用使得含量没增反降，实验的调水时间太短无法呈现 SiO_3^{2-}-Si 含量累积增加的效果，贫营养调水对 SiO_3^{2-}-Si 含量的贡献低于富营养调水。

氮、磷营养盐含量往往被认为是影响藻类生长的关键限制因子。在实验过程中，TN 和 NO_3^--N、NH_4^+-N 含量都因调水有明显变化，其中 TN 随调水的进行一直在下降，与对照组相比中营养和贫营养的调水对水体 TN 的含量影响更大，而富营养调水后 TN 含量高于对照组，说明对水体营养盐控制有负作用；而 NO_3^--N 作为水生植物的直接利用形态，富营养调水组的含量随调水的进行不断增加，不利于水体富营养化的控制，中营养和贫营养调水组的 NO_3^--N 含量随调水的进行不断下降，同时，NH_4^+-N 是水体中的主要耗氧污染物，其含量从调水开始就有所下降，DO 含量的增加会促进 NH_4^+-N 向 NO_3^--N 转化，但中营养和贫营养调水组的 NO_3^--N 含量并未因此上升，说明中营养和贫营养的调水对水质的改善作用是明显的。调水对磷营养盐含量也有限制作用，中营养和贫营养调水组的 TP 含量的变化相似，一直在下降，富营养调水到后期有所下降，整体上中营养和贫营养的影响效果好于富营养水平。SRP 含量虽然在调水过程中有所增加，但后期下降明显，实验组 O 和 M 变化趋势相似，低于实验组 E 和对照组 C，分析与体系中生境变化引起磷的相互转化有关，对比结果仍是中营养和贫营养的影响效果好于富营养水平。比起 TP 含量，SRP 更能成为影响藻类群落的环境因子。TOC 含量对照组先下降后上升，实验组的 TOC 随调水时间增加一直下降，说明调水对 TOC 的影响效果是显著的，调水 DO 含量、pH 的增加促进了水体有机物的分解，作为反映水体有机污染程度的指标，TOC 含量的降低是水质变好的表现。

10.3.2 浮游藻类群落结构的响应特征

富营养化水体理化指标的变化是调水的响应结果之一，我们更要关注的是受水水体浮游藻类的变化情况。通过分析得到，三个实验组的优势藻种虽然未因调水发生改变，但有向非蓝藻种属转变的趋势，蓝藻相对比例有所下降，绿藻和硅藻等非蓝藻种属比例有所增加，调水对环境因子的改变促进了非蓝藻种属的生长，对蓝藻的优势状态产生了一定的冲击；随着调水进行，对比对照组的藻类群落密度变化，中营养和贫营养调水组藻类细胞密度增长速率明显减慢，藻类的多样性和均匀度的变化显示出调水提高了水体的多样性、增加了均匀度，受水水体生物群落结构趋向稳定；三个调水实验组对水体的影响程度不同，中营养和贫营养调水组对水体的作用更显著，相似性分析表明各组的群落结构无明显差异，因为实验设置的调水时间太短，藻类群落结构在这期间未能发生明显变化。

RDA 排序反映了浮游藻类与水体环境因子间的对应关系，本实验结果表达了 DO、pH、SiO_3^{2-}-Si、TDS、NO_3^--N、SRP 这 6 个环境因子与不同实验组在不同时间点的藻类群落之间的相关关系，结果表明水体中的 DO、pH、SiO_3^{2-}-Si 是与藻类相关性极显著的环境因子，尤其是与调水后期各实验组的藻类群落结构呈明显的正相关，结合前述理化指标变化特征和浮游藻类细胞密度及群落组成比例变化来分析，调水后期水体中的 DO、pH 很高，在藻类适宜生长的范围内，总藻细胞密度后期也在不断增加，同时也促进了 DO、pH 的增大，DO、pH 的大小影响着水体中不同溶解状态的氮、磷等的转化过程，进而又会影响藻类群落的变化，SiO_3^{2-}-Si 在后期随着调水是减少的，表现在图上就是与调水前期的藻类群落呈正相关关系，与后期的群落呈负相关关系，分析是 SiO_3^{2-}-Si 被藻类吸收利用，促进非蓝藻细胞的增长，进而导致藻类组成比例的变化，TDS 是表征水体营养盐的理化指标，NO_3^--N、SRP 是能够被水体中藻类群落直接利用的关键营养因子，中营养和贫营养调水组的 TDS、NO_3^--N 浓度均随着调水逐渐下降，SRP 先增后减，最后都是低于初始状态，水体中营养因子的减少会影响藻类细胞的繁殖生长，与调水前期的藻类有明显的正相关关系。中营养和贫营养调水对富营养受水水体的影响最直接的表达就是对水体营养盐含量的限制，这样的结果对水体中藻类群落的限制作用也是最直接的。

综合上述分析可知，本实验中调水不是简单地对藻类进行稀释，使数量直接减少，而是对受水湖泊浮游藻类群落的影响与受水湖泊理化环境的改变密切相关，本实验中调水虽未带来受水水体浮游藻类群落结构的明显演替，但是调水明显改变了水体 TDS、NO_3^--N、SRP、SiO_3^{2-}-Si 的含量，对水体藻类群落组成比例及多样性的影响也是显著的，DO、pH 在实验中也与水体藻类群落表现出极显著的相关性，中营养和贫营养调水对水体的影响作用相似，都比较显著，而富营养水平调水对水体富营养化的改善作用不明显。

10.4　结　　论

（1）本次实验中调水对水体理化指标含量的影响是显著的，尤其是代表水体含盐量的 TDS 及氮、磷和有机物主要营养盐的浓度，中营养和贫营养调水组的水体 TN、NO_3^--N、NH_4^+-N、TP、SRP、TOC 下降明显，富营养调水组的各指标值均高于中营养和贫营养调水组，影响效果较中营养和贫营养调水组差。

（2）整个实验过程中，4 个实验组的水体中共检出浮游藻类 8 门 41 属，蓝藻为绝对优势藻种，蓝藻细胞密度未有明显下降；调水提高了受水水体生态系统的多样性和均匀度水平，硅藻等非蓝藻细胞密度增加，蓝藻细胞生长受到竞争胁迫，中营养和贫营养调水的影响作用效果好于富营养水平。

（3）RDA 分析结果表明，DO、pH、SiO_3^{2-}-Si、TDS、NO_3^--N、SRP 是本实验水体影响藻类群落结构分布的主要环境因子，正是调水引起了受水水体这些环境因子含量的变化，进而驱动了藻类群落的变化。

参 考 文 献

冯青英, 陈盛, 程麒, 等. 2012. 应用热乙醇法提取浮游植物中叶绿素 a 的探讨[J]. 安徽农业科学, 40(29): 14398-14399, 14413.

何漪, 王钟, 魏滨, 等. 2005. 双波长双光束分光光度法测定水中硝酸盐氮[J]. 中国卫生检验杂志, 15(9): 1135-1140.

贾锁宝, 尤迎华, 王嵘. 2008. 引江济太对不同水域氮磷浓度的影响[J]. 水资源保护, 24(3): 53-56.

金相灿, 屠清瑛. 1990. 湖泊富营养化调查规范. 2 版[M]. 北京: 中国环境科学出版社.

孔凡洲, 于仁成, 徐子钧, 等. 2012. 应用 Excel 软件计算生物多样性指数[J]. 海洋科学, 36(4): 57-62.

路学堂. 2013. 东平湖浮游植物群落结构与驱动因子及蓝藻水华可能性研究[D]. 济南: 山东大学.

宋保军, 孟新立, 张艳丽, 等. 2009. 紫外分光光度法测定水中高锰酸盐指数[J]. 中国计量, (10): 82-83.

魏复盛. 2002. 水和废水监测分析方法[M]. 北京: 中国环境出版社.

许海, 秦伯强, 朱广伟. 2012. 太湖不同湖区夏季蓝藻生长的营养盐限制研究[J]. 中国环境科学, 32(12): 2230-2236.

于秀林, 任雪松. 1999. 多元统计分析[M]. 北京: 中国统计出版社.

张囡囡. 2013. 扎龙湿地藻类植物群落结构特征及环境相关性研究[D]. 哈尔滨: 哈尔滨师范大学.

张澎浪, 孙承军. 2004. 地表水体中藻类的生长对 pH 值及溶解氧含量的影响[J]. 中国环境监测, 20(4): 49-50.

Ma J R, Brookes J D, Qin B Q, et al. 2014. Environmental factors controlling colony formation in blooms of the cyanobacteria Microcystis spp. in Lake Taihu, China[J]. Harmful Algae, 31: 136-142.